全国职业培训推荐教材
人力资源和社会保障部教材办公室评审通过
适合于职业技能短期培训使用

电机电气检测基本技能

主　编：才家刚

参　编：郭少英　李振军　赵文彬　温韵光

　　　　李春玉　缪光华　江康成

U0264625

中国劳动社会保障出版社

图书在版编目（CIP）数据

电机电气检测基本技能/才家刚主编. —北京：中国劳动社会保障出版社，2014

职业技能短期培训教材

ISBN 978 - 7 - 5167 - 1256 - 6

Ⅰ.①电…　Ⅱ.①才…　Ⅲ.①电机-控制系统-检测-技术培训-教材②电气控制-检测-技术培训-教材

Ⅳ.①TM301.2②TM921.5

中国版本图书馆 CIP 数据核字（2014）第 155073 号

中国劳动社会保障出版社出版发行

（北京市惠新东街 1 号　邮政编码：100029）

出 版 人：张梦欣

*

中国标准出版社秦皇岛印刷厂印刷装订　　新华书店经销

850 毫米×1168 毫米　32 开本　6 印张　149 千字

2014 年 7 月第 1 版　　2021 年 7 月第 3 次印刷

定价：**12.00** 元

读者服务部电话：（010）64929211/84209101/64921644

营销中心电话：（010）64962347

出版社网址：http://www.class.com.cn

前言

　　职业技能培训是提高劳动者知识与技能水平、增强劳动者就业能力的有效措施。职业技能短期培训，能够在短期内使受培训者掌握一门技能，达到上岗要求，顺利实现就业。

　　为了适应开展职业技能短期培训的需要，促进短期培训向规范化发展，提高培训质量，中国劳动社会保障出版社组织编写了职业技能短期培训系列教材，涉及二产和三产百余种职业（工种）。在组织编写教材的过程中，以相应职业（工种）的国家职业标准和岗位要求为依据，并力求使教材具有以下特点：

　　短。教材适合 15 ~ 30 天的短期培训，在较短的时间内，让受培训者掌握一种技能，从而实现就业。

　　薄。教材厚度薄，字数一般在 10 万字左右。教材中只讲述必要的知识和技能，不详细介绍有关的理论，避免多而全，强调有用和实用，从而将最有效的技能传授给受培训者。

　　易。内容通俗，图文并茂，容易学习和掌握。教材以技能操作和技能培养为主线，用图文相结合的方式，通过实例，一步步地介绍各项操作技能，便于学习、理解和对照操作。

　　这套教材适合于各级各类职业学校、职业培训机构在开展职业技能短期培训时使用。欢迎职业学校、培训机构和读者对教材中存在的不足之处提出宝贵意见和建议。

人力资源和社会保障部教材办公室

简介

    本书以中、小型交流异步电动机为核心，介绍了电动机半成品和成品出厂电气试验方法和相关技术标准，同时介绍了不合格项目的原因分析和处理方法。

    本书图文并茂，通俗易懂，所介绍的技术和工装设备均来自于国内中小型电机行业技术领先企业，具有先进性和很强的实用性。适宜电机生产企业培训电机电气检验人员使用，可作为编制电机相关工艺的参考资料，也可供电机使用和维修人员学习使用。

    本书由福建省劳动就业服务局和福建省福安市电机学会组织编写，才家刚主编。福建远东电机集团有限公司、北京毕捷电机股份有限公司等单位的领导及相关人员在本书的编写过程中给与了大力支持和帮助，在此一并表示衷心的感谢。

目录

第一单元　电气检测安全制度和触电急救常识 …………（ 1 ）

　　模块一　电气检测安全制度和安全生产知识 …………（ 1 ）
　　模块二　触电急救常识 …………………………………（ 5 ）

第二单元　电工基础知识 ………………………………（ 11 ）

　　模块一　直流电路 ………………………………………（ 11 ）
　　模块二　交流电和交流电路 ……………………………（ 28 ）

第三单元　电机通用知识 ………………………………（ 40 ）

　　模块一　常用电机的分类及型号参数 …………………（ 40 ）
　　模块二　电机的安装方式及其代号 ……………………（ 47 ）
　　模块三　旋转电机外壳防护分级（IP 代码）…………（ 50 ）

第四单元　交流异步电动机结构和工作原理 …………（ 54 ）

　　模块一　三相交流异步电动机的结构 …………………（ 54 ）
　　模块二　三相交流异步电动机的工作原理 ……………（ 63 ）
　　模块三　单相交流异步电动机结构和工作原理 ………（ 68 ）

第五单元　对电气零部件电气性能的检查 ……………（ 74 ）

　　模块一　对线圈、有绕组定子铁芯的尺寸检查 ………（ 74 ）
　　模块二　测量绝缘电阻 …………………………………（ 76 ）
　　模块三　绕组耐交流电压试验 …………………………（ 79 ）
　　模块四　绕组匝间耐冲击电压试验 ……………………（ 84 ）

模块五　绕组直流电阻的测定试验 ……………………（ 91 ）
模块六　三相绕组接线的相序检查 ………………………（ 98 ）
模块七　对埋置的热敏元件以及防潮加热器的检查 …（101）
模块八　微机自动控制定子试验台的使用方法 ………（106）

第六单元　交流异步电动机整机试验 ……………………（132）

模块一　交流电机试验电量测量电路 …………………（132）
模块二　电气安全性能试验 ………………………………（145）
模块三　堵转电流和损耗的测定试验 …………………（148）
模块四　空载电流和损耗的测定试验 …………………（151）
模块五　单相电机离心开关断开转速的测定 …………（153）
模块六　电容器的故障判断和容量测定 ………………（158）
模块七　微机控制自动试验系统使用方法 ……………（161）

**第七单元　电机出厂试验中的常见故障现象及原因
分析** ………………………………………………（171）

模块一　三相异步电动机出厂试验中异步现象的
原因分析 ………………………………………（171）
模块二　单相异步电动机常见故障分析 ………………（179）

培训大纲建议 ………………………………………………（181）

第一单元　电气检测安全制度和触电急救常识

模块一　电气检测安全制度和安全生产知识

在进行电机电气检测的过程中，所有人员都会与可危及生命安全的较高电压（特别是耐电压试验的电压会达到几千甚至几万伏特）打交道，加之在很多情况下，这些带有很高电压的线路会呈裸露状态，更增加了触电的危险性。为此，企业在设置所有与试验有关的设备时，在确保其安全保护性能的同时，还要对参与试验的所有人员进行安全教育，考核合格方可上岗工作。在日常工作中，要强制执行、严格遵守安全规章制度，包括按要求穿戴劳保用品、正确使用安全保护器具、严格执行安全操作规程等。对安全工作，要保持常态，严格检查和考核。

下面给出一些供参考使用的试验安全制度，并结合电机电气试验工作的特点，介绍我国电力行业标准中给出的有关内容。另外，介绍触电急救的相关知识，以应对突发触电事故时的现场急救。

一、电机电气检测安全管理制度

1. 说明

企业应参照国家和行业相关规程，并结合本企业的特点，制定检测现场和人员应具备的基本条件要求和应遵守的安全管理制度。这些条件和制度应作为员工培训内容的一部分，相关人员应做到牢记并严格执行。为时刻提醒大家，应将其张贴在明显位置。

企业应指派专人负责监督检查，对违反规定的现象，当场指出并予以纠正和考核。

以下是一个电机电气检测岗位安全制度条文样本，供企业参考使用。

2.《安全管理制度》样本

电气检测工作安全管理制度　企业制度编号：××××文件

受控号：××××

（0）为能够按相关标准和技术文件完成电机电气检验工作，并做到人身和设备安全，特制定本制度。

（1）所有参与试验的人员，均应在上岗前通过相关安全知识培训，并考试合格，得到相关部门的认可，方可参与工作。培训的内容和考试成绩应存档保存，档案保存期至少到该员工离开本岗位为止。

（2）每个检测岗位均应设置一名安全负责人（一般应由组长兼任），负责日常安全教育、监督检查、安全保护设施及器材的保管和维护等工作。

（3）除见习人员外，其他正式人员均应持有本工种的操作证。

（4）在通电试验时间内，非试验人员不经试验主管人员允许，一律不得进入试验区域内（包括通电试验区和设备区）。经允许进入的，应无条件地听从试验人员的安排。

（5）工作时间内，所有人员均应按要求规范穿戴安全保护用品。

（6）操作电气设备时，应按电压等级使用符合要求的安全用具。

（7）在进行耐电压试验等高压试验时，在加压的过程中，所有人员均要和被试品和相关线路保持至少1 m的距离，并面对试验品。完成试验断电后，应先将试验品对地放电，再拆除连线。

（8）不允许一个人单独进行电气操作和测量。因特殊情况只能一人操作时，其周边必须有其他人员在场，并告知该人员有义务随时关注试验区域可能发生的不安全情况，并向试验人员提出警告。试验人员精力应高度集中、相互配合。

（9）试验设备应具有安全保护功能和报警装置（例如避免误操作的电路连锁机构、声光报警装置、防止触电警示牌等），这些设备和装置应始终处于良好状态。要定期对其进行检查和调整，一旦出现故障，应及时进行修复，绝对禁止其带病工作。

（10）所有电气设备的金属外壳（含安装需通电试验的电机和电气零部件的金属平台、滚道等），均应可靠接地。接地体的接地电阻应不超过相关规定（建议不超过 4 Ω）。接地线的规格应符合相关规定，使用裸（或透明绝缘层）软铜线或扁铁等材料，横截面面积应不小于 25 mm²。应随时检查接地线和接地点，确保无损伤和松动。

（11）检测区域内禁止吸烟和存放易燃易爆物品。

（12）按相关要求配置消防用具并定点存放。禁止使用泡沫灭火器和水扑灭电气火灾。对灭火器材，应有专人保管和进行日常保养，保证其使用时的正常功能。试验站所有人员都应做到能熟练地使用这些灭火设备。

（13）保持试验环境卫生，试验区域内不得有尘土积存和杂物存放。

（14）发生安全和消防事故时，应按相关要求进行处理和向上级汇报。当发生触电事故时，要冷静，并尽快按相关规程进行处理。

（15）不允许在超过电源设备额定容量的情况下长期使用。运行中，要时刻注意观察电源设备的运行情况，其中包括输出电压和电流的平衡度、大小波动、声音和发热情况等。如有异常，应采取适当的措施进行处理。发现设备故障,应及时进行维修和排除。进行维护维修时,应严格遵守相关安全操作规程,并做好相关记录。

(16) 不准随意架设临时电源线。

(17) 本制度自下发之日起开始执行。

(18) 本制度的解释权归×××。

制定:×××   批准:×××   年 月 日

二、安全警示标志

在试验区域可能发生触电等危险的部位,应设置醒目的安全警示标志。如图1—1所示为几种常用标志,供参考使用。

图1—1 安全警示标志示例

a) 红色字体或标志——禁止 b) 黄色标志——警告

c) 蓝色标志——必须执行 d) 绿色标志——安全可行

三、安全保护用品

在电机电气检测过程中,工作人员应按规定穿戴安全保护用品。操作低压设备时,应穿低压电工绝缘鞋,操作高压设备时,应穿高压绝缘靴并戴高压绝缘手套。如图1—2所示为绝缘鞋和绝缘手套。

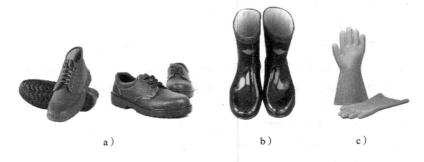

图1—2 绝缘鞋（靴）和绝缘手套式样

a）低压帆布面和皮革面绝缘鞋 b）高压橡胶绝缘靴 c）高压橡胶绝缘手套

在试验区域内还应在地面上铺设绝缘胶皮。

安全保护用品应定期更新。日常使用时，若发现有影响绝缘性能的破损，则不能使用。在夏天或潮湿环境中使用时，应注意设法保持其干燥。

模块二 触电急救常识

一、使触电者脱离电源的方法

在电气安全工作规程中规定，电气设备对地电压低于250 V者为低压（指交流电）。

当触电电压在低压范围内，触电者已无自主摆脱电源能力的情况下，应使触电者尽快脱离触电的状态，可采取"拉、切、挑、拽、垫"五种方法之一。但应注意利用拉开电源开关切断电源的方法时，是否会因线路突然断电造成更大的事故，例如在夜间失去照明无法进行下一步的抢救、冷却系统停止运行造成某些设备过热起火等。

（1）拉。就近拉开电源开关，包括拔下电源插头、取下线路中的熔断器等。

（2）切。用带绝缘的利器切断电源线。根据现场实际情况，可使用电工绝缘钳、干燥的木柄斧、锹、镐等工具。对于并行的多相或一条相线加一条零线的线路，应注意尽可能分相逐根切断，断点要错开，要防止线断落到别人和自己身上。

（3）挑。当导线搭落在触电者身上或身下，而触电事故点离电源开关太远或立即拉开就近电源开关将会导致更大的事故时，救护人员可用干燥的木棒、竹竿等挑开导线，使触电者脱离电源。

（4）拽。若触电者穿着的衣服干燥，救护人员可戴上手套或在手上包缠干燥的衣服、围巾等绝缘物品，或站在干燥的木板或绝缘垫板上，拖拽触电者，使触电者脱离电源。应注意不得直接接触触电者的身体。

（5）垫。如果发生的是通过人体对地短路型的触电事故，并且导线缠绕在触电者身上不易脱开时，救护人员可先用干燥的木板或其他绝缘板塞进触电者身下，使其与大地绝缘来切断电源通路，然后再采取其他办法把电源断开。

二、现场救护触电者的两种急救方法

对触电后呼吸停止或/和心脏停止跳动的人员，应本着就地、尽快的原则实行人工抢救。针对具体情况，采用人工呼吸和闭胸心脏按压进行抢救，在专业医生未接替前不能中止。

1. 人工呼吸法（口对口、口对鼻）

（1）准备工作。就地选干燥、阴凉（温度要适宜）的地方进行抢救。

使触电者平躺，解开腰带、领带，松开衣领，清除口腔异物（杂物、假牙、血块等），使气道畅通，头部后仰（如在平地可使背部适当垫高）。通过听和观察，确定呼吸是否确实停止。以上准备过程如图1—3所示。

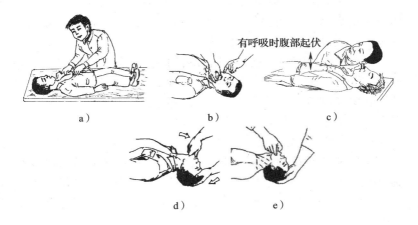

有呼吸时腹部起伏

a)　　　　　　　b)　　　　　　　c)

d)　　　　　　　e)

图1—3　施行人工呼吸前的准备工作

a）解开腰带、领带，松开衣领　b）清除口腔中的堵塞物

c）判定有无呼吸　d）仰头抬颏　e）掰开嘴观察

（2）抢救方法和注意事项。进行人工呼吸的操作方法和注意事项如下（参见图1—4）：

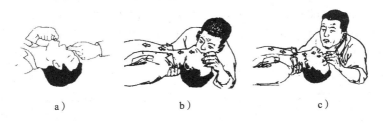

a)　　　　　　　b)　　　　　　　c)

图1—4　人工呼吸操作方法

a）捏鼻张口　b）吹气扩胸　c）放开嘴放气

施救者位于触电者一侧，一只手捏紧触电者鼻孔，另一只手将其下巴拉向前下方，使其嘴巴张开，准备接受吹气。可在触电者嘴上盖一层纱布，起到隔离杂物的作用。

施救者先深吸一口气，与触电者口对口大口吹气，节奏为吹

2 s、放 3 s（放开捏鼻或捂嘴的手），即每分钟 12 次，吹入的气体量为 0.8~1 L。在操作过程中，同时观察触电者胸部隆起的程度，一般应以胸部略有起伏为宜。

当触电者的嘴很难被张开时，可通过其鼻孔进行吹气，即所谓"口对鼻"人工呼吸。此时应捂住嘴，不使其漏气。

触电者恢复自主呼吸后，应立即停止人工呼吸。但救护人不得离开，防止触电者中途又停止呼吸。

2. 闭胸心脏按压法

对场地环境及安置的要求同人工呼吸的要求。另外需要强调的是，要将触电者放置在较硬的地方（例如放在硬的床板上），背部着地处的地面必须牢固，如在平地上，可使背部适当垫高。

触电者头部应与心脏处于同一水平或略低于心脏，抬高触电者下肢，以帮助血液返回心脏。

心脏位置，大约在胸骨与肋骨的交汇点，如图 1—5a 所示。

施救者单腿跪地，双手交叉叠起（左手压右手），双臂伸直，如图 1—5b 所示。以手掌根部压在心脏部位（当胸一手掌，中指应该对凹腔），将一只手的掌根放在心窝稍高一点的地方（掌根放在胸骨的下 1/3 部位），中指指尖对准锁骨间凹陷处边缘，另一只手压在前一只手上，呈两手交叠状（对儿童可用一只手）。

压、放节奏为每分钟 60 次，即 1 s 一次。对成年人下压深度为 3~5 cm。压下时用力要慢（压迫心脏使其达到排血的作用，过分用力会造成压伤），放松要快（使心脏自然扩张，大静脉中的血液就能回流到心脏中来）。在下压与放松期间，救护人掌根部不能离开触电者身体，以防多次挤压后位置偏离。操作姿势如图 1—5c 所示。

一旦触电者恢复自主心跳后，应立即停止闭胸心脏按压。可在其颈动脉处感觉是否有脉动。

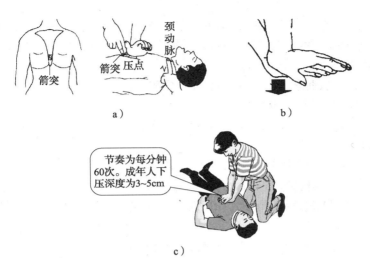

图 1—5　胸外挤压操作方法

a）下压位置和检查脉搏跳动情况　b）双手叠放姿势　c）操作姿势

3．闭胸心脏按压与人工呼吸的配合

当触电者既无心跳又无呼吸时，应对其交替进行人工呼吸和闭胸心脏按压。要求吹气 2～3 次后再按压心脏 10～15 次。但最长交替时间不得超过 15 s。

单人操作时，胸部按压次数：人工呼吸次数＝15：2，如图 1—6a 所示。

图 1—6　对呼吸和心跳都停止的触电者抢救方法

a）单人操作　b）双人操作

双人操作时，胸部按压次数：人工呼吸次数 = 5∶1，如图 1—6b 所示。在每次轮换时，两位救护者要各自负责检查脉搏和呼吸。

4. 触电急救中应注意的安全事项

（1）使触电者尽快脱离电源。

（2）防止自身触电以及使触电者受到二次伤害（如倒地摔伤）。

（3）使触电者脱离电源后，若其呼吸停止，心脏不跳动，如果没有其他致命外伤，只能认为是假死，必须立即就地进行抢救。不要随意移动伤员，如确实需要移动时，抢救中断时间不应超过 30 s。

（4）救护工作应持续进行，不能轻易中断，即使在送往医院的过程中，也不能中断抢救。

（5）如触电人已出现外伤，处理外伤不应影响抢救工作。

（6）对触电人急救期间，慎用强心针。

（7）在夜间救护时应解决照明问题。

第二单元　电工基础知识

模块一　直 流 电 路

一、导体电阻的定义、单位和计算公式

1．导体电阻的定义和单位

导体对电流的阻碍作用叫做电阻，它是物质的一个物理性质。

电阻符号为 R 或 r，基本单位为欧姆（简称"欧"，符号为 Ω），另有千欧、毫欧等，符号分别为 kΩ 和 mΩ。

导体的电阻与其长度成正比，与其横截面积成反比。

不同材质的导体对电流的阻碍作用有所不同，在电学中用电阻率来描述导体的这一特性。

导体电阻的大小还与其温度有关，在电学中用电阻温度系数来描述导体的这一特性。

图 2—1 给出了一些电气装置中常用的电阻器成品。

2．导体电阻的计算公式

用符号代表各物理量，一段材质均匀、截面积处处相同的导体的电阻用下面的公式表示：

$$R = \rho \frac{L}{S} \qquad (2—1)$$

式中　R——导体的电阻，Ω；

　　　ρ——导体所用材料的电阻率，$\Omega \cdot m$；

　　　L——导体的长度，m；

　　　S——导体的横截面面积，m^2。

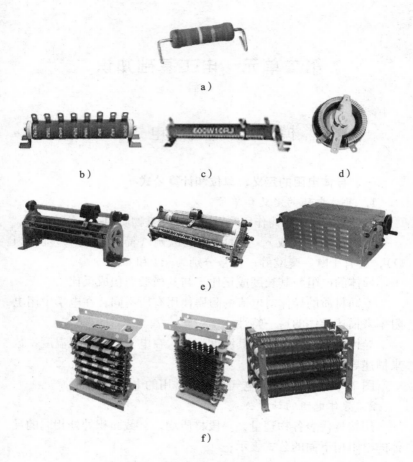

图 2—1　电阻器成品示例

a) 小型和微型固定电阻　b) 分段可变电阻　c) 柱状划线可变电阻

d) 盘状划线可变电阻　e) 专用柱状划线可变电阻　f) 大功率负载电阻

【例 2—1】　有一条圆铜导线，长 100 m，横截面直径为 2 mm，其电阻值是多少？

解：本例是已知导体的材质为铜，即已知其电阻率 $\rho = 1.75 \times$

10^{-8} Ω·m，另外知道长度 $L = 100$ m，但横截面积 S 没有直接给出，而是给出了截面直径 $D = 2$ mm $= 2 \times 10^{-3}$ m，这就需要先求出截面积（m²）的数值后再用公式（2—1）求得电阻值（Ω）。

$$S = \pi \left(\frac{D}{2} \right)^2 = 3.14 \times \left(\frac{2 \times 10^{-3}}{2} \right)^2 = 3.14 \times 10^{-6} (\text{m}^2)$$

$$R = \rho \frac{L}{S} = 1.75 \times 10^{-8} \times \frac{100}{3.14 \times 10^{-6}} = 0.557 (\Omega)$$

答：这段导体的电阻值是 0.557 Ω。

二、导体的电阻率

1. 电阻率的物理意义

因不同物质的分子及原子结构各不相同，所以造成了对电流的阻碍作用也有所不同，即同一长度、同一截面积和同一环境（主要为温度）时的电阻值不同。为了表达物质的这一物理性质，引入了电阻率的概念，即电阻率是单位长度和单位截面积的导体所具有的电阻值。

由于导体的电阻还与温度有关，而 20℃ 是较常出现的平均环境温度，所以规定以 20℃ 时的电阻率为准。这样，电阻率的严格定义应该是："单位长度和单位截面积的导体在温度为 20℃ 时，所具有的电阻值"。其他温度时的数值可通过电阻温度系数来换算（一般对所求电阻值进行温度换算，而不是事先对电阻率进行温度换算）。在一般的粗略计算中，可直接使用 20℃ 时的数值。

2. 电阻率单位的两种表现形式及其相互换算关系

现行标准规定电阻率的单位是"欧姆·米"，符号为"Ω·m"。它是长为 1 m，截面积为 1 m² 的导体的电阻值。

由式（2—1）可得到计算电阻率的公式及在此种条件下简化后的单位如下：

$$\rho = \frac{RS}{L} = 1 \, \Omega \times 1 \, \text{m}^2 / 1 \, \text{m} = \Omega \cdot \text{m}$$

但在实际应用中，导体的横截面面积单位一般都会使用 mm^2，若使用 m^2，就必须经过换算，给计算工作带来不便。所以在很多资料中还经常以"欧姆·平方毫米/米（$\Omega \cdot mm^2/m$）"为单位给出电阻率的数值。它是长为 1 m，截面积为 $1 mm^2$ 的导体的电阻值。由式（2—1）可得到计算电阻率的公式及在此种条件下简化后的单位如下：

$$\rho = \frac{RS}{L} = 1\ \Omega \times 1\ mm^2/1\ m = \Omega \cdot mm^2/m$$

两种单位的换算关系如下：

$$1\ \Omega \cdot mm^2/m = 1 \times 10^{-6}\ \Omega \cdot m \text{ 或 } 1\ \Omega \cdot m = 1 \times 10^6\ \Omega \cdot mm^2/m$$

由此可见，一个导体电阻率用不同单位给出时的数值，两者将相差 6 个数量级（即 10^6）。例如铜导体，用 $\Omega \cdot m$ 为单位时的数值为 1.75×10^{-8}，而用 $\Omega \cdot mm^2/m$ 为单位时的数值为 $0.017\ 5$。

3．常用导体材料的电阻率

表 2—1 给出了几种常用导体材料在 20℃时的电阻率。

表 2—1　　　　几种常用导体材料的电阻率（20℃时）

材料名称	电阻率 ρ		材料名称	电阻率 ρ	
及元素符号	$\Omega \cdot m \times 10^{-8}$	$\Omega \cdot mm^2/m$	及元素符号	$\Omega \cdot m \times 10^{-8}$	$\Omega \cdot mm^2/m$
银 Ag	1.65	0.016 5	铁 Fe	9.8 ~ 15.0	0.098 ~ 0.150
铜 Cu	1.75	0.017 5	碳 C	1 000	10.0
铝 Al	2.83	0.028 3			

电工最常用的是铜和铝两种材料的导体。铝的电阻率约是铜的 1.6 倍。基于这种比例关系，所以当长度相等时，若要求达到电阻值相同，则选用的铝线截面积将是铜线截面积的 1.6 倍左右。

4．计算举例

【例 2—2】　　在环境温度为 20℃时，测量长度为 2 m、截面积为 10 mm² 的一段导体的电阻值为 0.005 6 Ω，请计算该导体的电阻率为多少？

解：若用 Ω·m 作单位，则应先将截面积 10 mm² 转换成 10×10^{-6} m² $= 1 \times 10^{-5}$ m²。

$\rho = R \cdot S/L = 0.005\ 6\ \Omega \times 1 \times 10^{-5}$ m²/2 m $= 2.8 \times 10^{-8}$ Ω·m。

若用 Ω·mm²/m 作单位，则直接使用截面积为 10 mm²。

$\rho = R \cdot S/L = 0.005\ 6\ \Omega \times 10$ mm²/2m $= 0.028$ Ω·mm²/m

答：该导体的电阻率为 2.8×10^{-8} Ω·m 或 0.028 Ω·mm²/m。

三、不同温度时的阻值折算

1. 电阻温度系数的定义和计算式

所有导体的电阻都会随着温度的变化而变化，只是变化的幅度有所不同，且有正有负，用于表述导体这一特性的参数被称为电阻温度系数，用符号 α 表示，单位为 1/℃。在精确计算导体的电阻或利用电阻的这一特性进行有关控制、间接地求取其他有关的数据（例如绕组的温度）时，都需要准确地了解所用导体的这一特性系数。

电阻温度系数即导体温度变化 1℃ 时，电阻变化的数值（或称为电阻值的增量）和变化前阻值的比值。设前、后温度分别为 t_1 和 t_2，电阻值分别为 R_1 和 R_2，单位分别℃ 和 Ω，则电阻温度系数 α 用下式求取：

$$\alpha = \frac{R_2 - R_1}{R_1(t_2 - t_1)} \qquad (2-2)$$

实际上，在不同的温度范围内，电阻的温度系数是不完全相同的，但对于一般常用的导体，在 0～100℃ 范围内的数值变化很小，可认为是恒定的。

表 2—2 中列出了温度在 0～100℃ 范围内几种常用导体的电阻温度系数平均值。从表中的数值可知，碳的温度系数与常用的金属导体不同，它是负值。

表2—2　几种常用导体材料的温度系数（0～100℃时平均值）

材料名称 及元素符号	温度系数 α/ （1/℃）	材料名称 及元素符号	温度系数 α/ （1/℃）
银 Ag	3.6×10^{-3}	铝 Al	4.0×10^{-3}
铜 Cu	3.9×10^{-3}	钨 W	5.0×10^{-3}
黄铜	2.0×10^{-3}	铁 Fe	5.5×10^{-3}
青铜	3.7×10^{-3}	钢 Fe	6.0×10^{-3}
锰铜	6.0×10^{-6}	碳 C	-2.0×10^{-5}

2. 实用计算公式

由式（2—2）可转化成下面的两个不同用途的公式：

（1）已知某一温度 t_1 时的电阻值 R_1，求取另一温度 t_2 时的电阻值 R_2。

$$R_2 = R_1 [\, 1 + \alpha(t_2 - t_1)\,] \qquad (2—3)$$

（2）已知某一温度 t_1 时的电阻值 R_1，求取达到另一电阻值 R_2 时的温度 t_2。

$$t_2 = t_1 + \frac{R_2 - R_1}{\alpha R_1} \qquad (2—4)$$

四、电阻串联和并联阻值计算

在电工实际作业中，经常要遇到电阻的串、并联问题。所以必须熟练地掌握相关计算方法。

用 R1、R2、R3、…、Rn 分别代表将要连接在一起的各个电阻，用 $R_串$ 代表串联后的总电阻值，$R_并$ 代表并联后的总电阻值，则有如下的计算关系式：

$$R_串 = R_1 + R_2 + R_3 + \cdots + R_n \qquad (2—5)$$

$$R_并 = \frac{1}{\dfrac{1}{R_1} + \dfrac{1}{R_2} + \dfrac{1}{R_3} + \cdots + \dfrac{1}{R_n}} \qquad (2—6)$$

或

$$\frac{1}{R_{并}} = \frac{1}{R_1} + \frac{1}{R_2} + \frac{1}{R_3} + \cdots + \frac{1}{R_n} \qquad (2—7)$$

当只有 R1 和 R2 两个电阻并联时

$$R_{2并} = \frac{R_1 R_2}{R_1 + R_2} \qquad (2—8)$$

下面给出几个计算实例。

【例2—3】 图2—2 给出了3个电路图，请计算每个电路中 a、b 两端点之间的电阻 R_{ab} 的数值。

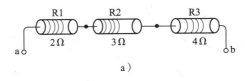

a)

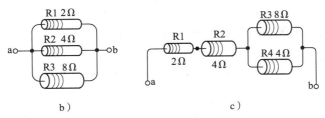

b)   c)

图2—2 电阻串并联计算实例

a) 电阻串联电路   b) 电阻并联电路   c) 电阻串并联电路

解： 图2—2a 所示为3个电阻串联的电路，3个电阻值分别为 $R_1 = 2\ \Omega$、$R_2 = 3\ \Omega$、$R_3 = 4\ \Omega$。根据式（2—5），可得

$$R_{ab} = R_1 + R_2 + R_3 = 2\ \Omega + 3\ \Omega + 4\ \Omega = 9\ \Omega$$

图2—2b 所示为3个电阻并联的电路，3个电阻值分别为 $R_1 = 2\ \Omega$、$R_2 = 4\ \Omega$、$R_3 = 8\ \Omega$。根据式（2—6）可得

$$R_{ab} = \frac{1}{\frac{1}{R_1} + \frac{1}{R_2} + \frac{1}{R_3}} = \frac{1}{\frac{1}{2} + \frac{1}{4} + \frac{1}{8}} = \frac{1}{\frac{4+2+1}{8}}$$

$$= \frac{1}{\dfrac{7}{8}} = \frac{8}{7} \approx 1.143(\Omega)$$

图 2—2c 中有 4 个电阻，分成两部分，其中第 1 部分 R1 和 R2 串联；第 2 部分 R3 和 R4 并联，然后两部分再串联，是一个既有串联又有并联的较复杂电路。$R_1 = 2\ \Omega$，$R_2 = 4\ \Omega$，$R_3 = 8\ \Omega$，$R_4 = 4\ \Omega$。

先求出每一部分的电阻：

串联部分为 $R_{1+2} = R_1 + R_2 = 2\ \Omega + 4\ \Omega = 6\ \Omega$

并联部分根据式（2—8）可得

$$R_{3//4} = \frac{R_3 R_4}{R_3 + R_4} = \frac{8 \times 4}{8 + 4} = \frac{32}{12} \approx 2.667(\Omega)$$

最后按串联的关系求出 a、b 两端的电阻 R_{ab}（Ω）的数值：

$$R_{ab} = R_{1+2} + R_{3//4} = 6\ \Omega + 2.667\ \Omega = 8.667\ \Omega$$

五、电流、电位、电压、电动势

1. 电流和电流强度

电荷（带电的粒子）在电场力的作用下，所发生的有规则的运动称为电流。

实质上，电流是带负电荷的自由电子在移动。但按一般习惯把正电荷移动的方向确定为电流的正方向。

常说的"电流"不是上述定义的电流，而是"电流强度"的简称。用符号 I 或 i 表示（大写字母一般用于表示固定的数值，小写字母则往往用于表示瞬时值，下同）。基本单位为"安培"，简称"安"，符号为 A，另外还经常用千安（kA）、毫安（mA）和微安（μA）等。

电流强度是在单位时间内流过导体横截面的电荷量的代数和，即

$$I = \frac{Q}{t} \tag{2—9}$$

式中 I——电流（电流强度），A；

Q——流过导体横截面的电荷量的代数和，C（读作"库仑"）；

t——流过的时间，s。

电流强度也有方向，同电流方向的规定，即为正电荷流动的方向。

2. 电位

电位是处在电场中某一位置的单位电荷所具有的能量，这种能量是一种势能。在数值上，电路中某点的电位，等于正电荷在该点所具有的能量与电荷所带电荷量的比。

电位用符号 V 表示，基本单位为"伏特"，简称"伏"，符号为 V，另外还经常用千伏（kV）、毫伏（mV）等。

电位的高低是相对的，即电路中某点电位的高低，与参考点（即零电位点）的选择有关，在电路中选定某一点为电位参考点，就是规定该点的电位为零。

3. 电压

电压是在电场中将单位正电荷由高电位点移向低电位点时，电场力所做的功。简单地说，在电场中，两个位置的电位之差称为电压；在电路中，两点之间的电位差称为电压。

电压用符号 U 或 u 表示，其基本单位和其他常用单位的名称和符号与电位完全相同。

电压的方向规定为从高电位指向低电位的方向，在直流电路中为正极端指向负极端。

4. 电动势

电动势是在电场中，将单位正电荷由低电位移向高电位时，外力所做的功。

电动势是一个表征电源特征的物理量。电源的电动势是电源将其他形式的能（机械能、化学能、光能等）转化为电能的本领，在数值上，等于非静电力将单位正电荷从电源的负极通过电源内部移送到正极时所做的功。

电动势用符号 E 或 e 表示，其基本单位和其他常用单位的名称和符号与电位完全相同。

电动势也有方向，规定的正方向是电源的负极到正极，即由低电位指向高电位。这种规定和电压刚好相反。

六、电路及电路图

1. 电路的定义和组成

电路即电流流过的路径。

一个完整的电路是由电源、负载（用电设备的统称）和连接电源与负载的线路（一般指导线，包括开关）三个部分组成的一个闭合回路，称为全电路。

2. 电路图

电路图是表示电路的三部分相互连接关系的图，分实物接线图和原理图两类，而原理图是用专用的电路图形符号及文字符号来表示的。如图 2—3 所示为一个由干电池、灯泡、导线及刀开关组成的完整的电路。

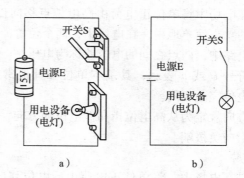

a）   b）

图 2—3　直流全电路组成示例

a）实物接线图　b）电路原理图

七、欧姆定律

欧姆定律是电工理论中最基本，也是最重要的一个定律，它表示的是流过一段导体的电流强度（简称电流）与这段导体两端的电压及这段导体的电阻三者之间的关系。

完整的电路应由电源、负载和电源与负载之间的连线共三部分组成。在电路计算中，把包括上述三部分的一个闭合回路称为"全电路"，如图2—4a所示；全电路中的一部分电路称为"部分电路"，如图2—4b所示。

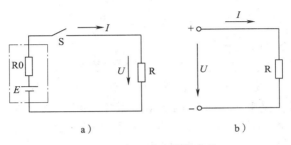

a)   b)

图2—4 全电路和部分电路

a）全电路 b）部分电路

根据电路的上述两种分类，欧姆定律也分为部分电路欧姆定律和全电路欧姆定律两种。

1．部分电路欧姆定律

部分电路欧姆定律的表述是：通过一段导体的电流与导体两端的电压成正比，与这段导体的电阻成反比。用各自的代号表示的关系式为：

$$I = \frac{U}{R} \qquad (2—10)$$

当电压与电阻的单位分别为伏特（V）和欧姆（Ω）时，所得电流强度（电流）的单位即为安培（A）。

由式（2—10），可变换出如下两个计算式：

$$U = IR \qquad (2—11)$$

$$R = \frac{U}{I} \qquad (2—12)$$

以下给出欧姆定律的应用举例。

【例2—4】　采用电流－电压法求取某电阻器的阻值时，测得所加电压为 6 V，电流为 15 mA，请计算出该电阻器的阻值（Ω）。

解： 本题已知 $I = 15$ mA $= 0.015$ A，$U = 6$ V，求 R。根据式（2—12），可求解如下，

$$R = \frac{U}{I} = \frac{6}{0.015} = 400(\Omega)$$

2. 全电路欧姆定律

全电路欧姆定律和部分电路欧姆定律相比，有两点在表面上有所不同，其一是全电路为电动势（E），部分电路为电压（U）；其二是电阻分成了两部分，其中外阻（用 R 表示）即是电流在外电路中所受到的阻力，内阻（用 R_0 或 r 表示）是电流在电源内部流动时所受到的阻力。

全电路欧姆定律可表述为：全电路中的电流与电路中电源的电动势成正比，与电源的内电阻与外电路的电阻之和成反比。用公式表示为（参见图2—4a），

$$I = \frac{E}{R_0 + R} \tag{2—13}$$

电源的端电压（在理论状态下，认为导线的电阻为零，此时该电压也就是负载两端的电压）U 与内阻和外阻都有关。外阻 R 一定时，内阻 R_0 越大，端电压 U 越低；内阻 R_0 一定时，外阻 R 越大，端电压 U 越高。这些关系可通过式（2—14）来分析。

$$U = IR = E - IR_0 \tag{2—14}$$

另外，在已知电流 I 和内阻 R_0、外阻 R 的情况下，可用下式求取电源的电动势 E。

$$E = I(R_0 + R) \tag{2—15}$$

【例2—5】　图2—5 给出了一个全电路及其中的相关数据，试求图中电源的电动势 E 和电压 U。

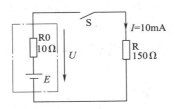

图 2—5　全电路欧姆定律计算例题附图

解：根据图中数据，已知 $R = 150\ \Omega$，$R_0 = 10\ \Omega$，$I = 10\ \text{mA} = 0.01\ \text{A}$。

根据式（2—15）和式（2—14），可得

$E = I\ (R_0 + R)\ = 0.01\ (10 + 150)\ = 1.6\ （\text{V}）$

$U = I\ R = 0.01 \times 150 = 1.5\ （\text{V}）$ 或 $U = E - I\ R_0 = 1.6—0.01 \times 10 = 1.5\ （\text{V}）$

八、电功和电功率

1. 电功的定义和计算公式

电流在导体中流动时要克服阻力，将电能转换成热能或其他的能量而做功，这种功被称为电功。电功用符号 A 来表示（在有些资料中用 W），单位为焦耳，简称为"焦"，符号为 J。电功的计算公式为

$$A\ =\ IUt\ =\ I^2Rt\ =\ \frac{U^2}{R}t \qquad\qquad （2—16）$$

式中　I——电流，A；

　　　　U——电压，V；

　　　　t——通电时间，s；

　　　　R——导体的电阻，Ω。

2. 电功率的定义和计算公式

电流在单位时间内所做的功叫电功率（一般用秒作为时间的单位），符号为 P，基本单位为瓦特，简称"瓦"，符号为 W，较大功率的设备还常用千瓦（kW）。

从定义上来讲，计算功率的公式即为 A/t，但实际上，因较方便的测量值是电压、电流和电阻，所以实际计算中，一般不用电功除以时间的方法，而是根据已知量的情况，选用下面公式的一部分：

$$P = IU = I^2R = \frac{U^2}{R} \qquad (2—17)$$

【例 2—6】 某电阻器上标明其电阻值为 1 000 Ω、额定功率为 2.5 W，求可以通过的额定电流为多少？

解： 根据式（2—17）可得

$$I = \sqrt{\frac{P}{R}} = \sqrt{\frac{2.5}{1\ 000}} = 0.05(A) = 50(mA)$$

3. **功率单位千瓦与马力的换算关系**

功率的法定计量单位为"瓦"或"千瓦"，而"马力"只用于出口产品，当然，一些进口产品也会使用。

实际上，马力又分米制和英制两种，两者有一个较小的差值，不加说明时，应认为是米制马力。另外，还有一个名称叫做"电工马力"，它在数值上等于英制马力。

1 米制马力 = 735.5 W；1 W = 1 焦耳/秒（J/s）= 1 牛顿·米/秒（N·m/s）

则马力与千瓦之间的换算关系如下：

1 千瓦 = 1.36 米制马力或 1 米制马力 = 0.735 5 千瓦

1 千瓦 = 1.34 英制马力或 1 英制马力 = 0.746 3 千瓦

粗略计算时，用 1 千瓦 = 1.35 马力；或 1 马力 = 0.75 千瓦即可。

可用口诀"马换千瓦，四个顶仨；仨顶四个，千瓦换马"进行记忆。

口诀中用"马"代替了"马力"。"马换千瓦，四个顶仨"（"仨"读作 sa，即数量"三"）是说马力和千瓦的换算关系是 4 马力 = 3 千瓦；"仨顶四个，千瓦换马"则是说 3 千瓦 = 4 马力。

英制马力的符号用 HP 或 hp；米制马力目前还没有统一的表示符号，德国使用 PS，法国使用 ch 或 CV，其他国家没有具体的规定，但经常使用英制马力的符号。

九、电阻串联和并联时电压、电流、功率的关系

设由 n 个电阻组成串联电路，两端施加总电压为 U_C、流过线路的总电流为 I_C、产生的总功率为 P_C，某一个电阻 R_I 两端的电压为 U_I、流过的电流为 I_I；设由 n 个电阻组成并联电路，两端施加总电压为 U_B、流过线路的总电流为 I_B、产生的总功率为 P_B，某一个电阻 R_I 两端的电压为 U_I、流过的电流为 I_I。利用欧姆定律和功率与电阻、电压和电流的关系，可以导出各量之间的关系，见表 2—3。

表 2—3　　　　电阻串联或并联后各量之间的关系

连接关系	电路连接图	各量之间相互关系
串联		$I_C = I_1 = I_2 = \cdots = I_n$ $U_C = U_1 + U_2 + \cdots + U_n$ $P_C = P_1 + P_2 + \cdots + P_n$ $U_i = U_C \dfrac{R_i}{\displaystyle\sum_{i=1}^{n} R_i}$
并联		$I_B = I_1 + I_2 + \cdots + I_n$ $U_B = U_1 = U_2 = \cdots = U_n$ $P_B = P_1 + P_2 + \cdots + P_n$ $I_i = \dfrac{U_B}{R_i}$

十、直流电动机的工作原理

1. **电磁力的大小和方向——左手定则**

当通电导体在磁场中时，由于电磁作用，将产生电磁力，该

力同时作用在磁铁和通电导体上，一般设定磁铁是固定的，导体是可以运动的，所以在不特殊指出时，均说导体受力以及受力大小和运动的方向。

导体受力后将会向受力方向运动，即运动方向就是受力方向。该方向用"左手定则"判定。具体方法是：伸开左手，手心面对磁场的 N 极（或说成让磁感线穿过手心），四指指向导体电流的方向，则拇指所指方向即是导体受力的方向，如图 2—6 所示。

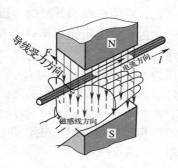

图 2—6　用"左手定则"判断通电导体在磁场中的受力方向

在通电导体为一直线，并且与磁场方向垂直时，导体受力的大小与 3 个要素（表示磁场强弱的磁感应强度 B、导体中的电流 I 和导体处在磁场中的长度 L）成正比关系，这个关系也被称为"毕—萨电磁力定律"。

当所用单位分别为 T、A 和 m 时，电磁力 F 的单位为 N。则

$$F = BIL \tag{2—18}$$

式中　F——导体在磁场中所受的电磁力，N；

　　　B——磁场的磁感应强度，T；

　　　I——导体中的电流，A；

　　　L——导体处在磁场中的长度，m。

磁场的磁感应强度 B 是单位面积中通过的磁力线条数，单位 T 是"特斯拉"简称"特"。

2. 直流电动机工作原理

如图 2—7 所示为一台直流电动机工作原理示意图。一个通电线圈放置在一对磁极中，线圈的两端分别与转轴上的两个处于一个轴向位置的半圆金属滑环（在直流电动机中称为换向器的

换向片）E 和 F 连接。电刷 A 和 B 与滑环接触并在引出后接一个直流电源的两端，与线圈 abcd 形成闭合的电路。

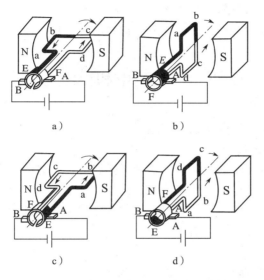

图2—7　直流电动机原理实验示意图

a) 0°　b) 90°　c) 180°　d) 270°

从起始位置（0°）开始，通电线圈的两个边 ab 和 cd 的电流方向如图 2—7a 所示，ab 边由 b 到 a，cd 边由 d 到 c。用左手定则可以判定出 ab 边的受力方向为向上，cd 边的受力方向为向下。在这一力偶的作用下，线圈开始按顺时针方向旋转。当旋转到图 2—7b 所示位置（90°）时，线圈将不再切割磁感线，但在惯性的作用下，不会停止在此位置。另外，在图 2—7b 所示位置时，电刷刚好处于两个换向片的接口位置，当旋转过此位置后，电刷与换向片的接触关系将发生改变，从而使两个线圈边的电流方向随之发生改变，变成图 2—7c 的方向，即 ab 边由 a 到 b，cd 边由 c 到 d，线圈的受力方向不变，将继续按顺时针方向旋转下去。到达图 2—7d 所示位置（270°）时，又要重复图 2—7b 所示位置时的电流改变过程，使线圈一直旋转下去。

这就是直流电动机的工作原理。若将这里的电源换成一个电压表或者其他的电阻与线圈组成一个电的闭合回路，线圈通过外加的动力拖动旋转，就将成为一台直流发电机。

模块二　交流电和交流电路

一、交流发电机的工作原理

1．感应电动势和感应电流的产生

当导线在磁场里运动并切割磁感线时，导体内就会有电动势产生，我们将这种电动势称为"感应电动势"，这就是发电机的基本原理。若用导线将上述运动的导体两端连接起来，即形成一个导电的闭合回路，在导线里将会有电流流动，这个电流叫做"感应电流"。

2．感应电动势和感应电流的方向

感应电动势及感应电流方向可用右手判断。判断时，伸开右手呈一个平面，拇指和四指相互垂直。让手心面对磁场的 N 极（或说成让磁感线穿过手心），同时使拇指指向导体的运动方向，此时四指所指的方向即为感应电流的方向（应为感应电动势的方向，但习惯说成感应电流的方向），运动导体在四指指尖的一端即为感应电动势的正极端，如图 2—8 所示。上述规律被称为"右手定则"，或叫做"发电机右手定则"。

3．感应电动势的大小

当磁场为均匀磁场，磁感应强度为 B（单位为 T），导体运动的方向与磁感线垂直，运动的速度为 v（单位为 m/s），导体处在磁场中的长度为 L（单位为 m）时，所产生的感应电动势 E 可用下式表示：

$$E = BLv \qquad (2—19)$$

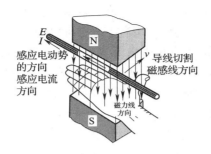

图2—8 用"右手定则"判断感应
电动势和感应电流的方向

4. 交流发电机的工作原理

如图2—9所示为交流发电机工作原理示意图。一个线圈在
一对磁极中被拖动,按逆时针方向旋转。线圈的两端分别与转轴
上的两个金属滑环 K 和 L 连接,电刷 A 和 B 分别与滑环 K 和 L
连接,引出后接一只电压表,与线圈 abcd 形成闭合回路。

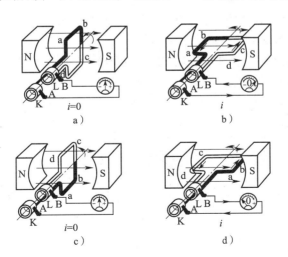

图2—9 交流发电机原理实验示意图
a) 0°   b) 90°   c) 180°   d) 270°

从起始位置（0°）开始旋转，线圈的两个边 ab 和 cd 开始切割磁感线，产生电动势，用右手定则可以判定出感应电动势的方向如图 2—9b 所示，ab 边由 b 到 a，cd 边由 d 到 c，并且在图 2—9b 所示位置（90°）时达到最大。当旋转到图 2—9c 的位置（180°）时减小到零。之后，感应电动势的方向将改变，ab 边由 a 到 b，cd 边由 c 到 d，并且在图 2—9d 所示位置（270°）时达到最大，再旋转 90°后，即旋转 360°，回到起始位置（图 2—9a 的位置）时，又将减小到零。可见，线圈旋转一周，所产生的感应电动势也将正负大小变化一个周期，输出一个交流电压和电流。

二、正弦交流电的定义、三要素和表达式

1. 正弦交流电的定义

正弦交流电是随时间按正弦规律变化的一种交流电，简称为交流电，现被广泛地应用于生产和生活中。

2. 正弦交流电的三要素

正弦交流电的三要素为幅值、频率和初相角。

3. 正弦交流电的表达式

以电动势为例，常用式（2—20）所示的解析式或如图 2—10 所示的波形图和矢量形式表示。

$$e = E_m \sin(\omega t + \varphi) = E_m \sin(2\pi f t + \varphi) \qquad (2—20)$$

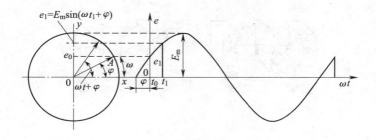

图 2—10　正弦交流电波形图和矢量表示法

式中　e——交流电动势的瞬时值，V；

　　　E_m——交流电动势的最大值，即幅值，V；

　　　ω——变化的角频率，rad/s；

　　　t——时间，s；

　　　φ——初相角，rad；

　　　f——交流电的频率，Hz。

所谓角频率（ω）又被称为角速度，它的定义是：单位时间内，一个矢量绕以其端点为圆心、长度为半径的圆旋转过的以弧度（符号为 rad）为单位的角度值。

因为一个整圆为360°，而1弧度（rad）是长度等于半径 r 的弧所对的圆心角的度数，一个圆的周长为 $2\pi r$，所以用弧度（rad）表示一个圆周的度数时，即为 $2\pi r/r = 2\pi$（rad）。

4．正弦交流电的周期和频率

正弦交流电由一个正的最大点到下一个正的最大点所用的时间叫一个周期，符号为 T，单位为 s。

在1 s的时间内所完成的周期数，叫做频率，用符号 f 表示，其单位为"赫兹"（简称赫，符号为 Hz）。由此可得，周期和频率的关系是：

$$f = \frac{1}{T} \text{ 或 } T = \frac{1}{f} \tag{2—21}$$

三、正弦交流电的最大值、平均值和有效值

正弦交流电的最大值也称为幅值，一般用大写字母带下角标 m 来表示，例如电压的最大值写成 U_m。

平均值是在正半个（或负半个）周期内正弦量的平均值，通过数学推算可知，它是在时间轴上与半个周期等长（两个过零点之间的长度）、面积与在一个正半周期内正弦线与时间轴所包围部分相等的长方形的高，一般用大写字母带下角标 p 来表示，例如电压的平均值写成 U_p，如图2—11所示。

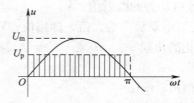

图 2—11　正弦交流电的最大值与平均值

有效值是这样定义的：在同等外界条件下，分别给同一个电阻器通入直流电流和正弦交流电流，并达到同样的时间和产生相同的热量，此时所通入的直流电流数值即定义为该交流电流的有效值（电压、电动势等的有效值定义方法与此相同），一般用不带下角标的大写字母来表示，例如电流的有效值写成 I。在数学计算方面，有效值又被称为方均根值。

正弦交流电的最大值、有效值和平均值之间的关系是用数学的方法推导出来的。以电压为例，相互关系如下：

$$U = \frac{\sqrt{2}}{2}U_m \approx 0.707U_m \qquad (2—22)$$

$$U_P = \frac{2}{\pi}U_m \approx 0.637U_m \qquad (2—23)$$

$$U = 1.11U_P \qquad (2—24)$$

反过来，可表示为

$$U_m = \sqrt{2}U \approx 1.414U \qquad (2—25)$$

$$U_m = \frac{\pi}{2}U_P \approx 1.571U_P \qquad (2—26)$$

$$U_P = 0.901U \qquad (2—27)$$

【例 2—7】　我们常说的单相交流电压为 220 V 实际是该正弦交流电电压的有效值。那么，此时的最大值和平均值各为多少？

解：根据式（2—25）和式（2—27），可得，

电压的最大值 $U_m = 1.414 \times 220$ V ≈ 311 V；电压的平均值

$U_\mathrm{P} = 0.901 \times 220 \ \mathrm{V} = 198 \ \mathrm{V}$。

四、交流电的有功功率、无功功率和视在功率

交流电路中功率的计算远比直流电路复杂。就其负载而言，就有纯电阻、纯电感、纯电容和感性、容性等多种。

纯电阻负载产生的功率叫做有功功率，用符号 P 表示，基本单位为 W，较大的数值用 kW，它是实实在在地将电能转化成了其他的能量——热能。生活中较常见的接近于纯电阻的负载有白炽灯、电炉、电热水器和电烙铁、电熨斗等。

纯电感负载和纯电容负载只起储存和释放电能（在这一过程中，也会有能量的转化问题）的作用，并不消耗电能。所以将这种功率叫做无功功率。无功功率的符号为 Q，基本单位为乏（var）。

感性负载是电路中同时存在电阻、电感的负载，也包括还存在电容负载，但电容的作用小于电感。这种负载在生活中最常见，较典型的是各种电动机，另外还有日光灯、电视机、微波炉、电磁炉等。

容性负载是电路中同时存在电阻、电容的负载，也包括还存在电感负载，但电感的作用小于电容。

当交流电流通过上述感性负载或容性负载时，则将产生三种不同的功率，即视在功率、有功功率和无功功率。这三种功率的数值关系和相量关系是一个直角三角形，其中有功功率和无功功率分别是两个直角边，视在功率为斜边。该直角三角形被称为交流功率三角形。

表示视在功率的斜边和表示有功功率的直角边之间的夹角 φ 叫功率因数角，简称为功率角。它是电路总电流滞后（对于感性负载）或超前（对于容性负载）于电路端电压的相位差角。如图 2—12 所示。

功率因数角的余弦（即 $\cos\varphi$）值被称为功率因数。功率因数显示出电源设备容量的利用率，是交流用电设备的一个重要性能参数。

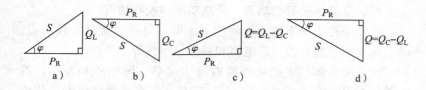

图 2—12　正弦交流电功率三角形

a）电阻和电感　b）电阻和电容　c）感性大于容性　d）容性大于感性

由图 2—12 可以得出如下关系式（用于单相电路。式中的 I 和 U 分别为电路的总电流和端电压）：

$$S = \sqrt{P^2 + Q^2} = IU \tag{2—28}$$

$$P = \sqrt{S^2 - Q^2} = S\cos\varphi = IU\cos\varphi \tag{2—29}$$

$$Q = \sqrt{S^2 - P^2} = S\sin\varphi = IU\sin\varphi \tag{2—30}$$

$$\cos\varphi = \frac{P}{IU} = \frac{P}{S} = \frac{P}{\sqrt{P^2 + Q^2}} \tag{2—31}$$

五、三相对称交流电的产生

三相交流电由三相交流发电机产生。如图 2—13 所示为一个三相交流发电机产生三相交流电的原理图。定子铁芯中嵌有三相对称的绕组，其头尾分别用 A、B、C 和 X、Y、Z 表示，转子线圈通入直流电产生固定极性的磁场。

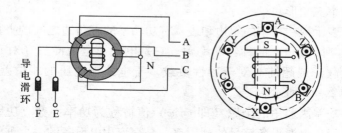

图 2—13　三相交流发电机的工作原理

当转子在其他机械的拖动下旋转时，定子线圈就会切割转子通入直流电后产生的磁力线，从而产生感应电动势。但因切割磁力线的先后顺序不相同，所以在某一时刻所产生电动势的大小和方向也有所不同。

产生的三相交流电呈三相对称关系，即相邻两相之间存在的相位差为 120°，幅值相等，如图 2—14 所示。

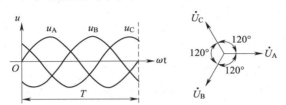

图 2—14 三相交流发电机产生的三相对称交流电电压波形图和相量图

六、三相交流电源的两种接线方式及线电压和相电压、线电流和相电流

1. 两种接线方式

三相交流发电机的三相电枢绕组（或三相供电变压器的三相输出绕组）相互连接，连接的方式一般为星形（符号为 Y）和三角形（简称"角形"，符号为 △）两种之一，其中星接又可分为给出中性线和不给出中性线两类，如图 2—15 所示。

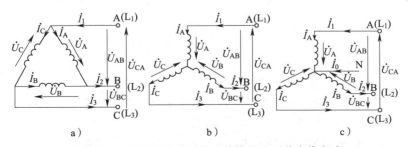

图 2—15 三相交流电源的两种接法和两种出线方式
a）三角形接法"三相三线制"　　b）星形接法"三相三线制"
c）星形接法"三相四线制"

对于星形连接，三个独立的端点引出的电源线称为"相线"；对于三角形连接，三个顶点引出的电源线称为"相线"。

在电工工作中，经常用如下俗称，即相线叫火线，中性线叫零线，另外，在实际应用中，不一定引出中性线，此时中性点即代表中性线。

2. 线电压和相电压的定义

对于三相交流电源，其输出电压有"相"和"线"之分，分别叫"相电压"和"线电压"。

相电压是指相线与中性线之间的电压，对于三相变压器或三相电机的定子绕组来讲，也可以说是"每一相绕组两端的电压"；线电压是指两条不同相线之间的电压。

由三相电源的两种接法可以看出，对于星形接法，可存在上述两种电压值；对于三角形接法，由于没有中性线，所以好像只能有线电压，而不存在相电压，实际上不是，因为相电压的严格定义是"每一相绕组两端的电压"，所以说，三角形接法中相电压和线电压是相等的。

3. 线电流和相电流的定义

当输出端连接用电电路时，线路中就会有电流流通。这些电流也有"相"和"线"之分，分别叫做"相电流"和"线电流"。

相电流是指流过每一相（绕组）的电流；线电流是流过每一条相线的电流。

4. 相、线数值的表示方法

对于三相变压器或三相电机的定子绕组来讲，上述定义可参见图 2—15，图中：U_A、U_B、U_C 分别为三个相电压；U_{AB}、U_{BC}、U_{CA} 分别为三个线电压；I_A、I_B、I_C 分别为三个相电流；I_1、I_2、I_3 分别为三个线电流；I_0 为中性线中的电流。字母上面的"·"表示相量（有方向的量）。

七、线电压和相电压、线电流和相电流的关系

三相交流电源的相电压与线电压、相电流与线电流之间的关系是电工计算中的一个常用也是一个很重要的问题。

从图2—15给出的两种接线图中可以看出它们之间的关系。

在三角形接法中，测量相电压和线电压的两点是相同的，所以两者必然也会相等；而一个线电流将分成两个相电流（一个出线端连着两相绕组），所以线电流一定会大于相电流。

在星形接法中，则刚好相反，一个线电压包含着两个相电压，所以说线电压一定会大于相电压；而相电流就是线电流，也就是说它们两者相等。

因为三相电压也好，三相电流也好，它们之间的关系都不是简单的代数关系，而是相量关系，即矢量关系，所以不能用简单的代数加减关系来处理，而应该用矢量的加减关系来确定。

经过矢量分析计算，大小之比为$\sqrt{3}$。

用U_L和U_Φ分别代表线电压和相电压，I_L和I_Φ分别代表线电流和相电流，其相互之间的关系见表2—4。

表2—4   三相电源线电压和相电压、线电流和相电流之间的关系

连接方式	量值及相互关系	
	电压	电流
三角形接法	$U_L = U_\Phi$	$I_L = \sqrt{3}I_\Phi$ 或 $I_\Phi = I_L/\sqrt{3}$
星形接法	$U_L = \sqrt{3}U_\Phi$ 或 $U_\Phi = U_L/\sqrt{3}$	$I_L = I_\Phi$

【例2—8】   某三相交流电源的线电压U_L为400 V，接通三相对称的负载后，线电流I_L为20 A。分别求该三相电源的三相绕组为星形接法和三角形接法时的相电压U_Φ和相电流I_Φ。

解：（1）当电源的三相绕组为星形接法时，

$$U_\Phi = U_L/\sqrt{3} = 400 \text{ V}/\sqrt{3} \approx 231 \text{ V}；\quad I_\Phi = I_L = 20 \text{ A}$$

（2）当电源的三相绕组为三角形接法时，

$$U_\Phi = U_L = 400 \text{ V}; \quad I_\Phi = I_L/\sqrt{3} = 20 \text{ A}/\sqrt{3} \approx 11.55 \text{ A}$$

若将上例中的线电压改为 380 V，则星形接法时的相电压将为 220 V，这就是常用的电源线电压和相电压。

三相负载接成三角形或星形并接通三相电源时，和三相电源一样，也有相电压、线电压和相电流、线电流 4 个电量出现。这 4 个电量的定义以及相互之间的数值和相量关系与三相电源基本相同，不同之处只在于电源是输出量，而负载是输入量。各量的相互关系如图 2—16 所示，其中 Z_U、Z_V、Z_W 分别代表三相负载。

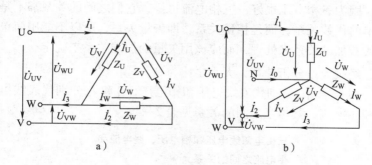

图 2—16　三相平衡负载的两种接法线路

a）三角形接法　b）星形接法

八、三相交流电的相序

对于三相交流电（含三相交流电流、电压或电动势，下同），三相各自达到第一个正的最大值在时间上的先后顺序，称为相序。

三相交流电各相分别用 A、B、C（或 U、V、W、L1、L2、L3）标注，当 B 相的相位滞后于 A 相 120°、C 相的相位滞后于 B 相 120°、A 相的相位又滞后于 C 相 120°时，即按图 2—17 所示的时间顺序和方向（顺时针方向）排列时，即 A→B→C，称为正相序。实用三相电源线路排列时，一般按这一顺序将 A 相放在第一个位置，然后是 B 相，最后是 C 相，例如竖直左右排列时，自左至右为 A、B、C 相。

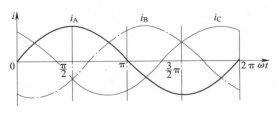

图 2—17　三相交流电的相序排列图

　　若排成 B、C、A 则还是正相序排列，因为按正相序的定义，三相的相序关系并没有发生改变，只是改变了第一相的名称，或者说现在不是以 A 相为第一相，而是认定 B 相为第一相了。可以这样确定：将三个字母接着写出来，即 B、C、A、B、C、A，从中可以发现有一段连续的 A、B、C，则可以确认原来的相序排列是正相序。

　　上述顺序中，任意调换其中两相的先后顺序，例如变成 B、A、C 或 A、C、B 或 C、B、A，就被称为反相序。

第三单元 电机通用知识

模块一 常用电机的分类及型号参数

一、常用电机的分类

电机分类的方式与其分类因素有关。根据主要因素，可简单分类见表3—1。另外，还可根据其具体用途分类。

表3—1 按不同的分类因素对常用电机的分类及简要介绍

分类因素	主要类别		简要介绍
1. 能量转化方式	（1）发电机	直流发电机	将机械能转化成电能的设备
		交流发电机	
	（2）电动机	直流电动机	将电能转化成机械能的设备
		交流电动机	
2. 外形大小	（1）大型电机		机座号（轴中心高）>630（mm）或定子铁芯外径>900 mm
	（2）中型电机		机座号（轴中心高）355~630（mm）或定子铁芯外径≤900mm
	（3）小型电机		机座号（轴中心高）63~315（mm）
	（4）微型电机		机座号（轴中心高）<63（mm）
3. 交流电动机的转子	（1）同步电动机	凸极转子	转子转速始终与定子旋转磁场的转速相同。凸极转子一般用于中、小型电机或大型水力发电机，隐极转子则一般用于大型汽轮发电机，永磁转子用于小型或微型电机
		隐极转子	
		永磁转子	

分类因素	主要类别		简要介绍
3. 交流电动机的转子	（2）异步电动机	笼型转子	转子转速始终低于定子旋转磁场的转速。绕线转子电动机一般用于需要高起动转矩但起动电流又较小的场合
		绕线转子	
4. 交流电的相数	（1）单相		一般为正弦交流电。分别称为单相或三相同步发电机或同步电动机、三相或单相异步电动机等
	（2）三相		
5. 电压的高低	（1）高压电机		额定电压 > 1 000 V（或 1 140 V）
	（2）低压电机		额定电压 ≤ 1 000 V（或 1 140 V）
6. 使用时的安装方式	（1）卧式		使用时轴线为水平方向
	（2）立式		使用时轴线为竖直方向
7. 可适应的使用环境（防护功能）	（1）普通型		适用于无特殊要求的使用环境，可分为多种防护类型
	（2）隔爆型		用于含有可爆炸性气体或粉尘的场合
	（3）化工防腐或防盐雾型		用于含有可造成腐蚀的气体或其他物质的场合
	（4）防湿热或干热型		可在湿热或干热地带正常使用
	（5）防振型		使用环境有较大振动或所带负载需要产生较大振动
8. 转速是否可调	（1）单一转速		适用于转速变化极小的设备
	（2）有级调速		转速变化呈台阶形，常用 1/2 或 2/3 倍的关系
	（3）无级调速		用于要求转速在较大范围内变化的场合

另外，对于不是永磁转子的同步电机，又可以按其励磁方式分成有刷和无刷两大类，在有刷一类中，还可分为不可控相复励、三次谐波励磁、可控励磁等多种；对于直流电机，也可按其励磁方式分成有刷和无刷两大类，在有刷一类中，还可分为他励、并励、串励和复励等多种。

二、三相异步电动机铭牌及主要参数

如图 3—1 所示为 3 种不同类型的三相交流异步电动机铭牌实例，供以下介绍的内容参考。

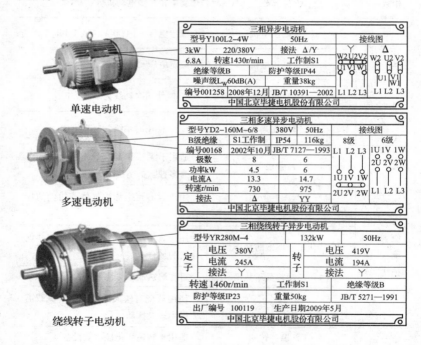

图 3—1　三相交流异步电动机铭牌示例

1．电机型号的编制方法

国家标准 GB 4831—2014《电机产品型号编制方法》中规定：中、小型交流异步电机的型号一般应由 6 部分组成，下面以型号为 Y2 – 160M2 – 4　WF 的三相交流异步电机为例，按前后顺序介绍这 6 部分的具体规定和有关内容。

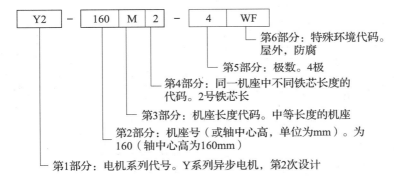

2. 型号各部分所代表的内容详解

三相异步电机型号各部分所代表的内容详见表 3—2。应当指出的是，系列字母虽是取自汉语拼音字头，但是读英文字母的音，这种现象在我国很多领域都是存在的。另外，有些企业自行规定型号编制办法，其形式可能与国家标准有所不同。

表 3—2　三相异步电动机型号各部分所代表的内容详解

顺序	名称	所代表的内容和示例
1	电机系列代号	为该电机所属系列的代号与设计方案序号。由 1~4 个该电机名称汉字汉语拼音字头组成，第 1 个一律为"Y"，即"异步（YI BU）"电动机，普通单速电机则只用这一个字母，其他系列的电机则在 Y 的后面加上表示其特征的 1~3 个字母，例如"YD"中的"D"表示多（DUO）速电机。若这些字母后面紧跟一个阿拉伯数字，则该数字为本系列电机的设计序号（或称为代数），因第 1 次设计的 1 不必出现，所以此数字最小为 2
2	机座号	对有底脚的电机，则为其轴中心高（单位为 mm，定义见 3—2），例如 160 即轴中心高为 160 mm；对无底脚的电机，则以同铁芯外径向尺寸的有底脚电机的轴中心高确定此参数 我国规定的机座号系列采用了国际 IEC 的统一标准，中小型电机推荐值见表 3—3

顺序	名称	所代表的内容和示例
3	机座长度代码	一般分3挡，即长、中、短，分别用L、M、S表示，这3个字母分别来自英文 Long、Middle 和 Short，如图3—3所示。对于只有一种长度的机座，则可无此部分，例如Y80₂—4
4	铁芯长度代码	表示在同一机座中所使用的不同长度的铁芯，用数字1、2、3、… 表示，号越大，铁芯越长，如图3—4所示。当只有一种长度时，此部分可不出现
5	磁极极数	定子磁场的极数，用数字形式给出，如2、4等。由此数和所用电源频率 f（Hz）可计算出该电机定子旋转磁场的转速（同步转速）n_s，单位为转/分钟（r/min） 当为多速电机时，用"／"线将各极数分开，例如2/4

6	特殊环境代码	用特定的字母表示该电机可适应的特殊工作环境，如下						
		适用特殊环境	高原	船（海）	户外	化工防腐	热带	湿热带	干热带
		代码	G	H	W	F	T	TH	TA

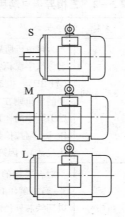

图3—2　中心高 H 的定义　　图3—3　同一中心高三种不同

长度的机座代码

3. 交流异步电动机的额定功率、电压、电流、频率和转速

（1）额定功率（P_N）。是指其在输入额定电压和额定频率的三相对称交流电并在符合规定的环境条件下，能正常工作的轴输出的机械功率，又常称为容量。一般用千瓦（kW）作单位，不足1kW的有时用瓦（W）作单位。

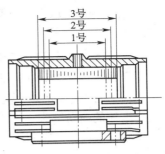

图3—4　三种不同长度的铁芯代码

我国标准中确定的中、小型电机500 kW及以下的功率挡次推荐值如下（单位为kW）：0.18，0.25，0.37，0.55，1.1，1.5，2.2，3，4，5.5，7.5，11，15，18.5，22，30，37，45，55，75，90，110，132，160，200，250，315，355，400，425，450，475，500。

（2）额定电压（U_N）。是保证电机正常工作时的电压，一般指线电压，用伏（V）或千伏（kV）作单位。我国的低压电机一般为220 V或380 V（前者较少用）；高压电机有1.14 kV、3 kV、6 kV和10 kV等。当可采用两种电压时，用"/"隔开，如220/380 V。

（3）额定电流（I_N）。是电机加额定电压及额定频率输出额定功率时的定子输入线电流，一般用安培（A）作单位。它是一个理论计算值，对于三相交流电机，其计算方法如下

$$I_N = \frac{P_N}{\sqrt{3}U_N\eta_N\cos\varphi_N} \tag{3—1}$$

式中　I_N——额定电流，A；

　　　P_N——额定功率，W；

　　　U_N——额定电压，V；

　　　η_N——该电机技术条件中规定的效率标准值；

　　　$\cos\varphi_N$——该电机技术条件中规定的功率因数标准值。

例如，某电机 $P_N = 15$ kW，$U_N = 380$ V，$\eta_N = 88.5\%$，$\cos\varphi_N = 0.85$，则

$$I_N = 15\ 000/(\sqrt{3} \times 380 \times 0.885 \times 0.85) = 30.3(A)$$

对于额定电压为 380 V 的小型低压电机，当 P_N 单位用 kW 时，额定电流 $I_N \approx 2P_N$。例如上例中，$I_N \approx 2P_N = 2 \times 15 = 30$ A。这是估算额定电流的简易算法。使用此简易算法时，较小的电机因 η_N 和 $\cos\varphi_N$ 较低，所以可适当加大一点倍数，如 $2.1P_N$；反之，对较大的电机，则因 η_N 和 $\cos\varphi_N$ 较高，可适当减小倍数，如 $1.9P_N$。

（4）额定频率和额定转速。额定频率是保证电机输出规定转速的频率。我国与欧洲、非洲和大洋洲大部分国家用 50 Hz，其他一些国家（如北美洲各国、日本等）为 60 Hz。额定转速是电机加额定电压和额定频率输出额定功率时的转子转速，单位为转/分钟（r/min）。

由于交流异步电机的工作原理决定了转子转速 n 永远要小于定子磁场的转速［即同步转速 n_s。由电源频率 f 和电机的极对数 p 计算同步转速 n_s 的公式见式（3—2）］，这即是此种电机被称为"异步"电机的原因，由此出现了一个参数名称叫转差（有时称为"滑差"），用字母 s 表示，一般采用百分数的形式给出，此时称为转差率，计算公式见式（3—3）。

$$n_s = \frac{60f}{p} \qquad (3—2)$$

式中　f——电源频率，Hz；

　　　p——电机的极对数。

$$s = \frac{n_s - n}{n_s} \times 100\% \qquad (3—3)$$

一般电机的 s 在 3% 以下，容量较大者数值较小，几百千瓦时，不足 1%；高转差率电机可达到 10%，甚至更高。

当 s 用实际值时，由式（3—3）可得，转子转速为

$$n = (1 - s)n_s \qquad (3—4)$$

模块二　电机的安装方式及其代号

电机生产厂根据用户所用设备对电机安装方式的需要，将电机机壳制成各种形式。国家标准 GB/T 997 规定了各种电机结构及安装形式的代号。

代号的构成有两种方式，一种由三部分组成，包括表示安装方式的字母代号"IM"、表示轴线方向的字母代号"B"或"V"和表示具体安装部位的数字；另一种由两部分组成，包括"IM"和 4 位表示具体安装位置等规定的数字。下面介绍较常用的第一种，见表 3—3。

表 3—3　　　由三部分组成的安装方式的代号及其所标示的含义

次序	代号	表示的含义
第一部分	IM	国际通用安装方式的代号，又称为 IM 代码。英文全称为："International Mounting type"
第二部分	B	表示电机在使用时为卧式安装，即其轴线为水平方向
	V	表示电机在使用时为立式安装，即其轴线为竖直方向
第三部分	1~2 个数字	表示电机与台架和负载设备的实际安装及配合方式

现将其最常用的几种列于表 3—4 和表 3—5 中。表中图示画斜线的部位是安装基础构件。"D"代表电机主轴伸，是指电动机的传动端和发电机的被传动端轴伸；对于双轴伸电机，指直径大的一端（另一端用 N 表示）；当两个轴伸直径相同时，对一端装有换向器、集电环或外装励磁机的，指未装这些装置的一端，对无这些装置的，则指从该端看电机的出线盒在右侧的一端。图3—5 是几种常用安装方式电机的配套示意图。

表3—4　　常用卧式安装方式（IM B）图示和代号

代号	图示	说明	代号	图示	说明
B3	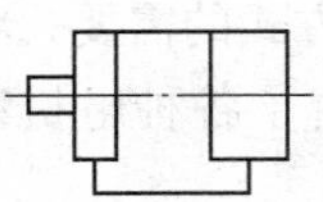	用底脚安装在基础构件上	B6		用底脚安装在墙上。从D端看，底脚在左边
B35		用底脚安装在基础构件上，并附用凸缘端盖安装配套设备	B7		用底脚安装在墙上。从D端看，底脚在右边
			B8	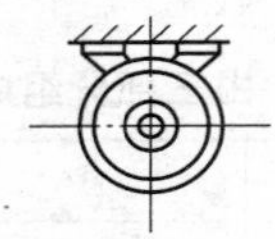	用底脚安装在天花板上
B34		用底脚安装在基础构件上，并附用凸缘平面安装配套设备	B9	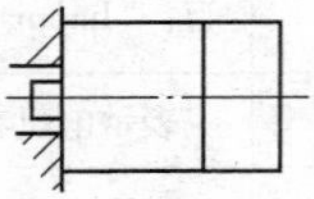	D端无端盖，借D端的机座端面安装
			B15	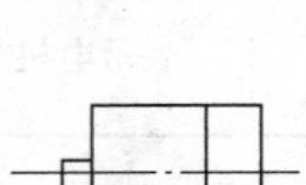	D端无端盖，用底脚主安装，D端机座端面辅安装
B5		用凸缘端盖安装	B20		有抬高的底脚，并用底脚安装在基础构件上

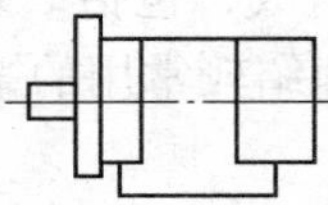

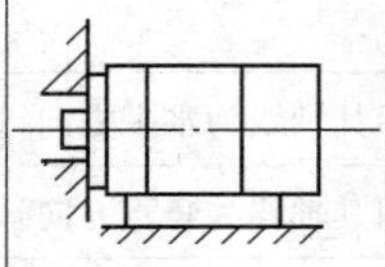

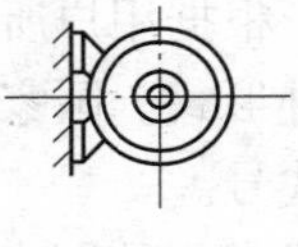

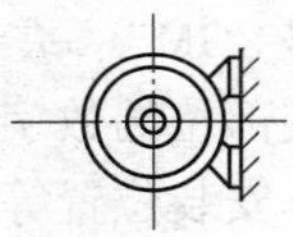

表 3—5   常用立式安装形式（IM V）图示和代号

代号	图示	说明	代号	图示	说明
V1	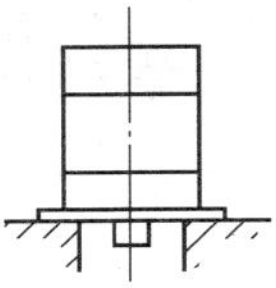	用凸缘端盖安装，D 端朝下	V6	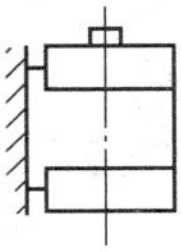	用底脚安装在墙上，D 端朝上
V15	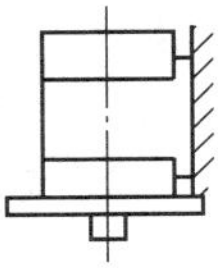	用底脚安装墙上，并用凸缘作辅安装，D 端朝下	V8	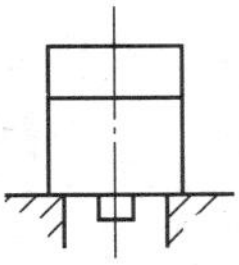	D 端无端盖，借 D 端的机座端面安装，D 端朝下
V3	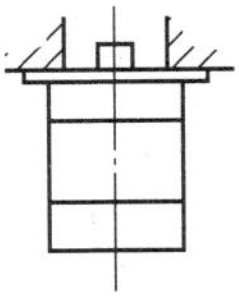	用凸缘端盖安装，D 端朝上	V9	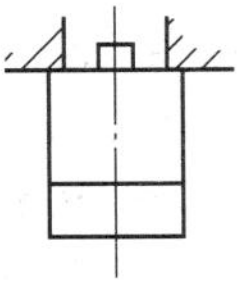	D 端无端盖，借 D 端的机座端面安装，D 端朝上
V36	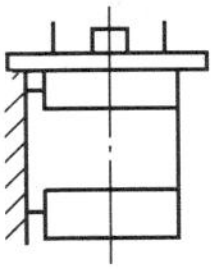	用底脚安装墙上，并用凸缘作辅安装，D 端朝上	V10	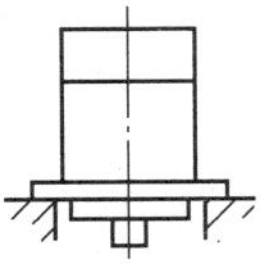	机座上有凸缘，并用其安装，D 端朝下
V5	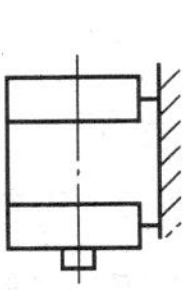	用底脚安装在墙上，D 端朝下	V16	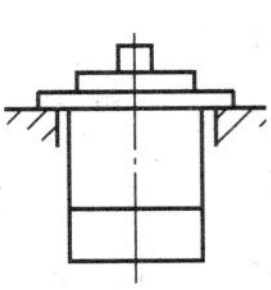	机座上有凸缘，并用其安装，D 端朝上

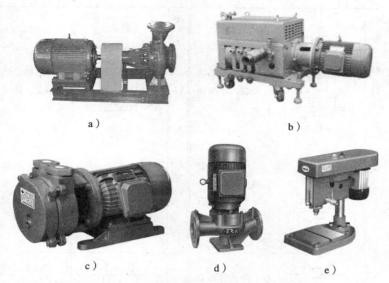

图 3—5　几种常用安装方式电机的配套示意图

a) IM B3 型　b) IM B5 型　c) IM B35 型　d) IM V1 型　e) IM V3 型

模块三　旋转电机外壳防护分级（IP 代码）

GB 4942.1—2006《旋转电机整体结构的防护等级（IP 代码）—分级》中规定了旋转电机外壳防护分级（IP 代码）的具体内容。下面介绍其中的主要部分。

一、表示方法

外壳防护等级一般由"IP"两个字母加两位表征数字组成，如 IP23、IP54 等。"IP"是国际通用的"防护等级"代码，第 1 位表征数字代表防固体的等级，有 0 ~ 6 共 7 个等级；第 2 位表征数字代表防液体（无特殊说明时即指水）的等级，有 0 ~ 8 共

9 个等级。

二、第 1 位表征数字（防固体等级）的内容

第 1 位表征数字表示电机外壳对人和机内部件的防护等级。表 3—6 给出了具体的防护内容。表中所用术语"防止"表示能防止部分人体、手持的工具或导线进入外壳，即使进入，亦能与带电或危险的转动部件（光滑的旋转轴和类似部件除外）之间保持足够的间隙。表中所写内容是以可防止的最小固体异物尺寸表述的。

表 3—6 中"简述含义"一栏不作为防护型式的规定；表征数字代码 1~4 的电机所能防止的固体异物，是包括形状规则或不规则的物体，其 3 个相互垂直的尺寸均不超过所规定的数值；第 5 级防尘是一般的防尘，当尘的颗粒大小、属性如纤维状或粒状已作规定时，试验条件应由制造厂和用户协商确定；第 6 级防尘是严密的防尘。

表 3—6　　第 1 位表征数字（防固体等级）表示的防护等级内容

等级代码	防护内容	
	详细含义	简述含义
0	无专门防护	无防护电机
1	能防止大面积的人体（如手）偶然或意外地触及或接近壳内带电或转动部件（但不能防止故意接触）； 能防止直径 >50 mm 的固体异物进入壳内	防护 >50 mm 固体的电机
2	能防止手指或长度 ≤80 mm 的类似物体触及或接近壳内带电或转动部件； 能防止直径 >12 mm 的固体异物进入壳内	防护 >12 mm 固体的电机
3	能防止直径 >2.5 mm 的工具或导线触及或接近壳内带电或转动部件	防护 >2.5 mm 固体的电机

等级代码	防护内容	
	详细含义	简述含义
4	能防止直径或厚度 >1 mm 的导线或片条触及或接近壳内带电或转动部件；	防护 >1 mm 固体的电机
5	能防止触及或接近壳内带电或转动部件；虽不能完全防止灰尘进入，但进尘量不足以影响电机的正常运行	防尘电机
6	能完全防止尘埃进入	尘密电机

对外风扇罩防护能力的规定是：当电机为 IP1X 及以上时，应达到 1 级防固体的能力。当电机为 IP2X 及以上时，应达到 2 级防固体的能力。

三、第 2 位表征数字（防液体等级）的内容

第 2 位表征数字表示防液体（一般指水）的能力等级。其具体含义见表 3—7。

表 3—7　第 2 位表征数字（防液体等级）表示的防护等级内容

等级代码	防护内容	
	详细含义	简述含义
0	无专门防护	无防护电机
1	垂直滴水应无有害影响	防滴水电机
2	当电机从正常位置向任何方向倾斜至 15°以内任意一角度时，垂直滴水应无有害影响	15°防滴水电机
3	与铅垂线成 60°角范围内的淋水应无有害影响	防淋水电机
4	承受任何方向的溅水应无有害影响	防溅水电机
5	承受任何方向的喷水应无有害影响	防喷水电机

等级代码	防护内容	
	详细含义	简述含义
6	承受猛烈的海浪冲击或强烈喷水时，电机的进水量不应达到有害的程度	防海浪电机
7	当电机浸入到规定压力的水中经规定时间后，电机的进水量不应达到有害的程度	防浸水电机
8	电机在制造厂规定的条件下能够长期潜水，电机一般为水密型，对某些类型电机也可允许水进入，但不应达到有害的程度	持续潜水电机

第四单元 交流异步电动机结构和工作原理

模块一 三相交流异步电动机的结构

一、三相交流异步电动机的结构

交流异步电动机主要由在定子铁芯槽中嵌有三相对称绕组的定子和在转子铁芯槽中铸有由端环短路的铝条或嵌有三相对称绕组的转子，以及相关支撑部件（机壳、转轴和轴承等）组成。图4—1是一台小型Y2系列（防护等级IP54，安装方式IM B3，冷却方式IC411）的整机外形及局部解剖图。

a)

b)

图4—1 Y2系列（IP54、IM B3、IC411）小型三相异步电动机结构图

a) 外形示例 b) 局部剖面结构图（无轴承盖的类型）

二、三相交流异步电动机的定子结构

交流异步电动机定子由机壳、定子铁芯、三相对称的定子绕组、接线盒等组成。如图 4—2 所示是定子铁芯及装配好的整体定子示例。

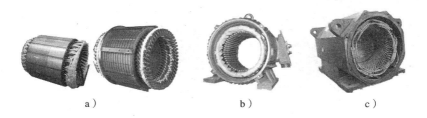

a）　　　　　　　　　　b）　　　　　　　　　　c）

图 4—2　三相交流异步电动机定子示例
a）带绕组的电动机定子铁芯　b）整体的低压电动机定子
c）整体的高压电动机定子

三、三相交流异步电动机的定子铁芯及绕组

1．定子铁芯的有关术语及参数

定子铁芯采用 0.5 mm 厚的硅钢片叠压而成，外形如图 4—3a 所示。其压板与压圈（有些小容量电动机无压圈）是为保持铁芯压紧状态而设置的。其冲片、槽形分别如图 4—3b 和图 4—3c 所示（槽数为 24）。定子铁芯有关的术语及参数如下。

（1）有效长度 L（去掉两端压圈后的长度）、内径 d、外径 D 和槽数 Z_1。

（2）一个槽各部位的名称如图 4—3c 所示。

（3）几个看似无形的数据，即极距、相带（每极每相槽数）、每个槽距的电角度等。这些参数除与定子本身的槽数 Z_1 有关外，还与设计极数（常用极对数 p 来表示）有关。

1）极距。电动机的极数（$2p$）确定后，其一个磁极所占有的定子槽数，称为极距，用字母 τ（槽）来表示，则

$$\tau = \frac{Z_1}{2p} \qquad (4—1)$$

对于图4—3b，当电动机设计为2极时（$p = 1$），$\tau = 24/$（2×1）$= 12$ 槽；设计为4极时，$\tau = 24/$（2×2）$= 6$ 槽。

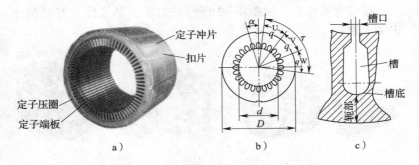

图4—3 三相交流电动机定子铁芯

a）外形结构 b）一张冲片的正面图 c）槽（梨形）

2）相带。每个极距内都会按顺序排列三相绕组，每一相绕组在1个极距内所占有的距离（槽数）则称为相带。由此可见，相带就是每极每相槽数，用符号 q（槽）表示，即：

$$q = \frac{\tau}{3} = \frac{Z_1}{3 \times 2p} = \frac{Z_1}{6p} \qquad (4—2)$$

当 $Z_1 = 24$ 槽，$p = 2$（4极）时，$q = 24/$（6×2）$= 2$ 槽，如图4—3b所示。

3）每个槽距的电角度。一对磁极所占铁芯圆弧的长度，用电角度表示时为 $360°$。由此可知，一个定子内圆究竟是多少电角度，是由该电动机的设计极数所决定的。即为 $p \times 360°$。2极电动机为 $1 \times 360° = 360°$，4极电动机为 $2 \times 360° = 720°$，…。每个槽距（也说成每个槽）所占的电角度数用 α 来表示，则

$$\alpha = 360° \frac{p}{Z_1} \qquad (4—3)$$

图4—3b中，$\alpha = 360° \times$（$2/24$）$= 30°$

2. 定子绕组常用的型式

三相异步电动机常用的定子绕组型式有如下4种。

（1）叠式绕组。嵌入定子铁芯槽中以后，所有线圈以按顺序相叠（或称为"迭"）的姿势排列，故称之为叠（迭）式。这种型式中所有线圈的各样参数都相同。一般用于 10kW 以上的电动机。层数为双层。如图 4—4a 所示。

（2）同心式绕组。在一对极下，一相绕组由 2 个及以上大小不同、节距依次相差 2 个槽的线圈组成，各线圈共为一个轴心线，故称为同心式。如图 4—4b 所示。

（3）链式绕组。每一相绕组的各只线圈依次排列，形如一条索链（但不相扣），故称为链式。它的线圈参数也都是相同的。层数为单层。如图 4—4c 所示。

（4）交叉链式绕组。形似链式，但又与链式不同。区别是：①有两种节距的线圈（俗称大包和小包）；②大节距线圈一般有 2 个，并且为交叉排列，小线圈和大线圈靠紧排列如链式。由此称其为交叉链式。如图 4—4d 所示。

3. 定子绕组常用术语及参数

（1）极相组。在一个磁极下属于一相的线圈总和称为一个极相组。如图 4—4a 中 U 相的 1、2、3 号线圈和图 4—4b 中 U 相的 1、2 号线圈等。

（2）节距。这个定义是针对一个线圈而言的。是指一个线圈两条直线边之间用槽数来表示的距离。有的用两条直线边所占槽号来表示，如图 4—4b 中，大线圈的节距 $y_1 = 1 \sim 8$，小线圈的节距 $y_2 = 2 \sim 7$；有的用两个直线边相距的槽数（从一条边相邻的那个槽开始数到另一条边所在的槽）来表示，如前例，$y_1 = 7$，$y_2 = 5$。节距可分为长距、等距和短距 3 种，分别是按长于极距、等于极距和短于极距而命名的，如图 4—4e 所示，其中短距用得较多。

（3）线圈的头和尾。如图 4—4f 所示，一个线圈有两个出线端，其中一个称为"头"，另一个称为"尾"。头、尾确定的方法是：在一相绕组中，以 U 相为例，与电源相接的引接线标为

U1，该线端则称为这一个线圈的"头"。U 相其他线圈若按同样的绕向并依次排开的话，则与 U1 端同侧的都为"头"，自然另一端均为"尾"，如图 4—4c 所示。确定线圈的头和尾是一相连线时所必需的内容。

（4）单只线圈的直线边长和有效边长。线圈直线边的总长度称为直线边长；处于铁芯槽内部分的长度，称为有效长度，如图 4—4f 所示，也就是铁芯长度。

（5）端部和端部长。一个线圈除有效边以外的两端称为端部，它主要是起连接两条直线边电路的作用，但由它产生的漏电抗对电动机的起动、过载性能还起着不可忽视的作用。所以不能随意改大或改小；端部长指端部顶点到有效边端点之间的垂直距离。如图 4—4f 所示。

（6）匝数、每匝股数、线径等。匝数是指单只线圈绕行导线的圈数；每匝股数是一匝线包含的导线根数；线径则是每根导线的直径，每根的线径可以相同也可以不相同。

（7）绕组展开图。绕组展开图是设想在任意两个槽之间将嵌好并接好线的定子，轴向切开并将定子展平后，所看到的各相绕组位置及走向的图。图 4—4 各分图中右边的图给出了 4 种示例。

四、三相交流异步电动机的转子结构

三相异步电动机的转子由转子铁芯、转子绕组和转轴 3 大主要部分组成，转子绕组有笼条和绕线两种，前者的笼条又分为铸铝和铜条两种，分别称为铸铝转子和铜条转子，用压铸、离心铸和穿制后焊接 3 种工艺制造；后者称为绕线转子，其绕组与定子绕组一样，用铜线绕制后嵌入铁芯槽中，也形成三相，并且通电后形成的磁极数与定子绕组相同。如图 4—5 所示。

和定子铁芯一样，转子铁芯也是由冲制出槽后的硅钢片叠压而成的，槽口外露的称为开口槽，否则称为闭口槽。转子铁芯与转轴之间的配合是通过热套或冷压工艺完成的，后者一般用于较小容量的电动机。

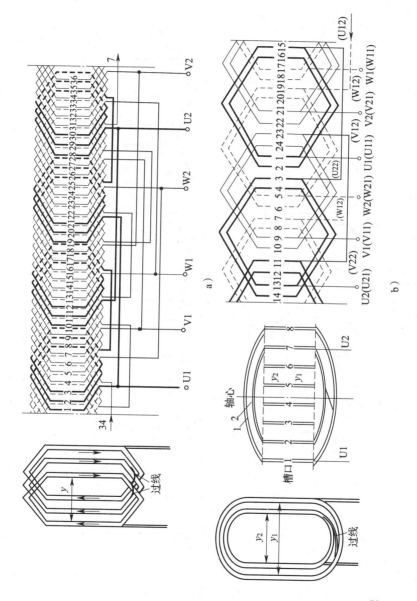

a)

b)

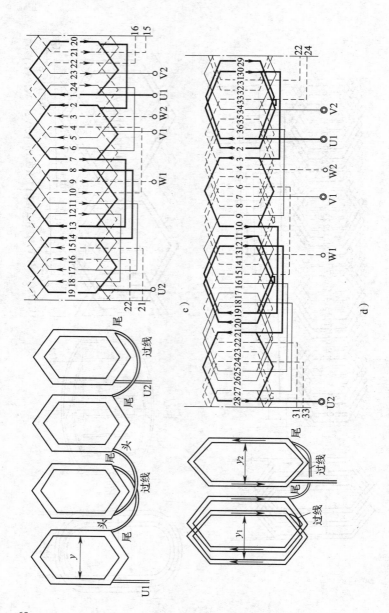

c)

d)

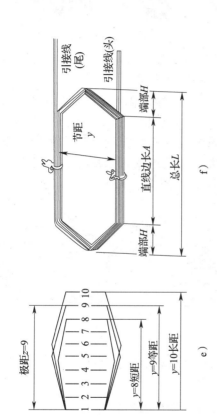

图 4—4　绕组的型式和有关参数

a) 双层叠式一组绕组线圈和展开图（36 槽、4 极、节距 7、支路数 2）

b) 同心式绕组线圈和展开图（24 槽、2 极、支路数 1）

c) 链式绕组线圈和展开图（24 槽、4 极、支路数 1）

d) 交叉链式绕组线圈和展开图（36 槽、4 极、支路数 1）

e) 长、等、短距线圈　f) 单只线圈各部位名称

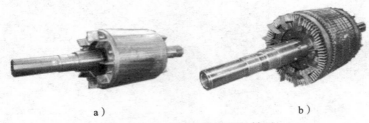

a)   b)

图4—5 三相异步电动机的转子

a) 铸铝转子 b) 绕线转子

铸铝转子绕组由在铁芯槽内的导条和两端将所有导条短路起来的端环两部分组成（实际是在铸铝时一次完成的），端环上带有冷却用扇叶（一些小容量的电动机可能没有）和利用加重法调动平衡用的平衡柱（较大容量的电动机采用在转子支架上加重的方法，所以没有平衡柱），如图4—6a所示。

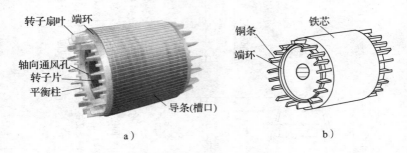

转子扇叶 端环   铁芯

轴向通风孔   铜条

转子片   端环

平衡柱

导条(槽口)

a)   b)

图4—6 三相异步电动机的笼条转子

a) 铸铝转子 b) 铜条转子

铜条转子的绕组也由导条和端环两部分组成，但两部分是通过焊接连在一起的，伸出端环的铜条兼做扇叶，一般用截短伸出的导条的去重法进行调平衡。

绕线转子电动机的转子绕组则用与定子绕组相同的方式，用导线绕制成线圈嵌入到转子铁芯槽中，形成的相数与定子绕组相同。另外，其三相绕组接成星形，三个头端通过转子轴的中心孔引出到一端的集电环上，再通过电刷与外电路的起动电阻相连形成闭合回路。

模块二　三相交流异步电动机的工作原理

一、三相交流异步电动机定子旋转磁场的形成

请先看图4—7a。当马蹄形永久磁铁旋转起来以后（图中为顺时针方向），其 N 极和 S 极之间的磁感线也随之旋转。处于 N、S 极之间的金属环的两个边就处于切割上述磁感线的状态中，只是切割的方向与磁铁旋转的方向刚好相反，即为逆时针方向。根据电磁感应定律，此时金属环中就会产生感应电流，它的方向为图4—8b 中所标出的方向（"⊕"表示进入导线，"⊙"表示从导线中出来）。

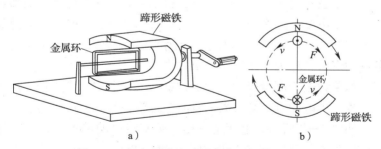

图 4—7　三相异步电动机工作原理模拟试验

a）实验装置　b）工作原理示意图

这样，金属环就成为一个处在磁场中的通电导体了。通电导体在磁场中将受到电磁力的作用。图中金属环处在磁场中的两个边的受力方向刚好和磁铁旋转的方向相同，即顺时针方向。金属环受力后，产生一个力矩，并以其轴线为旋转中心沿顺时针方向旋转起来，但它的旋转速度始终不会达到磁铁旋转的速度。可以想象，如果达到了磁铁的旋转速度，它和磁铁之间就没有了相对

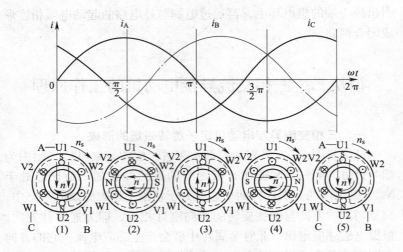

图4—8 两极三相异步电动机定子旋转磁场形成和转子转动原理

运动，也就不再切割磁感线了，也就不会产生感应电流，当然也就没有了电磁力的作用，即没有了旋转的动力，势必使其减速和磁铁拉开一定的距离。这种金属环和磁铁旋转转速不相同的现象，被形象地称为"不同步"或"异步"。

　　如果设法用电能产生上述磁铁旋转带来的"旋转磁场"，就会出现一个电动机。交流电动机的定子就是为此而产生的。

　　如图4—8所示。上面是三相正弦交流电的波形图，下面是一台最简单的两极定子三相绕组，每一相只有一个线圈。规定U1、V1、W1分别为三相绕组的首端，U2、V2、W2分别为三相绕组的末端；三相电源正相序为A→B→C，分别对应着与绕组的U1、V1、W1相连接（假设绕组的末端联结在一起，形成星形接法），电流在正半个周期时，从绕组的首端进入，用符号"⊕"（箭尾）表示，从绕组的末端流出，用符号"⊙"（箭头）表示。

　　当三相绕组通入三相交流电后，利用通电螺线管（将每一相绕组看成是一个螺线管）产生两个磁极的原理，用右手判定出三相绕组产生的磁场方向，或者说电磁铁的 N、S 极。通过图中电源变化一个周期 5 个时间段的电流变化，得到了三相绕组所形成的磁场的方向也刚好旋转了一圈，旋转方向是顺时针的，刚好与电源和三相绕组连接的相序方向相同。

四极电动机三相绕组形成旋转磁场的工作原理如图 4—9 所示，可以按上述两极的方法进行分析。可以看出，此时电源变化一个周期，三相绕组形成的磁场转过了半圈（机械角度为180°）。也就是说转速相当于两极电动机的 1/2。

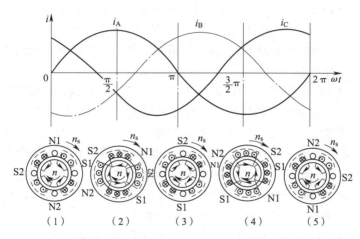

图 4—9　四极三相异步电动机定子旋转磁场形成和转子转动原理

如果对一台 6 极的电动机进行分析，得到的结论将是：电源变化一个周期，三相绕组形成的磁场将转过 1/3 圈（机械角度为120°），也就是说转速相当于两极电动机的 1/3。再进一步推广到 8 极、10 极、……，会得出如下的结论。

三相绕组通入三相交流电后所形成的磁场转速与电源的频率成正比，与绕组通电后所形成的磁极数成反比。

如果三相绕组不动时，三相绕组和铁芯组成为电动机的

"定子"，将上述三相绕组所形成的旋转磁场叫做定子旋转磁场，该磁场的转速叫做"同步转速"，用符号 n_s 表示，单位为"转/分钟"符号为"r/min"。

同步转速 n_s 与电源频率 f 和定子绕组的极对数 p 的关系见式（4—4）。

$$n_s = \frac{60f}{p} \qquad (4—4)$$

对于 $f = 50$ Hz 的电源，由于 $60f = 60 \times 50 = 3\,000$，所以 2 极、4 极、6 极、8 极、10 极、12 极电动机对应的同步转速 n_s 分别为 $3\,000$ r/min、$1\,500$ r/min、$1\,000$ r/min、750 r/min、600 r/min 和 500 r/min；$f = 60$ Hz 时，由于 60 是 50 的 1.2 倍，所以电动机的同步转速分别是 50 Hz 电源电动机对应极数的 1.2 倍，例如 2 极电动机为 $3\,600$ r/min。

由于转子导条（绕组的直线部分）和定子旋转磁场有相对运动，而切割定子磁场的磁感线，所以将产生感应电动势，并在转子绕组中产生感应电流，使转子绕组成为处于磁场中的通电导体，进而受到一个电磁力偶的作用而旋转起来，其转向与定子磁场相同，但转速永远达不到定子旋转磁场的转速，也就是说，转子的转速与定子磁场的转速不一致，所以称其为"异步"，这种工作原理的电动机被称为"异步电动机"。

转子转速 n 与定子磁场转速 n_s（同步转速）之差，称为"转差"，单位为 r/min。该转差与定子旋转磁场转速之比的百分数，称为"转差率"，用 s（%）表示。

$$s = \frac{n_s - n}{n_s} \times 100\% \qquad (4—5)$$

例如用 50 Hz 电源的 4 极电动机，若转子转速 n 为 $1\,440$ r/min，则其转差为 $1\,500$ r/min $- 1\,440$ r/min $= 60$ r/min，转差率 $s =$（60/$1\,500$）$\times 100\% = 4\%$。

转差率的大小与电动机的容量大小及品种有关，加额定负载时，一般为 1%～5%，容量较小的电动机取较大的数值，上百千瓦的电动机可能不足 1%。另外，对于同一台电动机，转差率的大小还与负载轻重有关，负载越大，转差率也就越大。

二、三相笼型异步电动机改变转向的原理

对于三相交流异步电动机，将三条电源线中任意两条对调即可改变转向。所以，所有改变转向的电路最终的目的都是改换电源线中两条连线与电动机三相绕组的连接位置。其原理如下。

根据前面讲述的三相交流异步电动机的工作原理，其中 2 极电动机的运转原理如图 4—8 所示，其转向是顺时针的。

如果任意更换两相电源与绕组的连接方位，例如将 B 相改为与 W1 端连接，C 相改为与 V1 端相接，即 V 相绕组通过 C 相电源电流，W 相绕组通过 B 相电源电流，用上述同样的分析方法，可得出三相绕组产生的磁场旋转方向将与前面的接法相反，即改为逆时针方向，如图 4—10 所示。这就是任意更换两相电源与绕组的连接方位就能改变电动机旋转方向的原理。

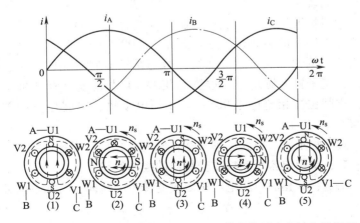

图 4—10　任意调换电源线与定子绕组连接的位置改变转向的原理

模块三 单相交流异步电动机结构和工作原理

单相交流异步电动机因其使用的电源较方便，而被广泛地应用于各类家用电器和小型电动工具和设备中。

一、单相交流异步电动机的种类和结构

单相交流异步电动机（简称单相电动机）的种类相当多，但绝大多数系列的区别主要在于它们的起动方式。主要有分相起动和罩极起动（又称为遮极起动）两种，其中分相起动又称为裂相起动，并且分为电阻分相、电容分相两大类，后一种应用较广，并且品种较多，有单值电容起动、单值电容起动并运转和双值电容三种型式。除上述两种类型外，还有一种称为串励电动机的单相交流电动机，该类电动机严格地讲应称为交、直流两用电动机。

本书只讲述分相起动型的结构和接线原理。

此类电动机都具有两套绕组，其中一套称为起动绕组，又被称为副绕组或辅绕组；另一套为主绕组，又被称为工作绕组。一般情况下，两套绕组在匝数、线径等方面有所不同，但对于特殊用途的电动机，如需要正、反两个转向都运行的某些电动机，例如洗衣机用电动机，两套绕组会完全相同。主、辅绕组在定子铁芯圆周上的位置是相差90°电角度（对2极电动机，空间位置相差也是90°；对4极电动机，空间位置相差将是45°）。

其实物示例、电路原理和运行原理简介见表4—1。

二、单相电容电动机改变转向的控制线路

用电容分相的单相电动机要改变转子的转向，有如下两种办法。

表 4—1   "裂相"起动单相交流异步电动机

类型		实物示例	电路原理	运行原理简介
电阻裂相型				辅绕组串联一个电阻（或者不串联电阻，但直流电阻值大于主绕组）并和一个离心开关 S 串联后与主绕组相并联。起动完成后，离心开关断开辅绕组电路
电容裂相型	电容起动			辅绕组串联一个电容器 C 并和一个离心开关 S 串联后与主绕组相并联。起动完成后，离心开关断开辅绕组电路
	电容起动和运行（单值电容）			辅绕组串联一个电容器 C 后与主绕组相并联。起动和运行中，辅绕组和电容器始终连接在电路中
	电容起动加电容运行（双值电容）			辅绕组和两个并联的电容器相串联后接电源，其中一个电容器 C1 串联一个离心开关 S，起动完成后将与电源断开，另一个电容器 C2 会始终与电源相接

1. 改变电容器与绕组的连接位置

本方法需要将主、辅绕组做得完全相同，既没有主、辅之分（称为"对称绕组"），并且只用于单值电容起动和运行的品种。采用这种方法最典型的是需要反复进行正、反转的洗衣机用电动机。电容器的两端分别与两个绕组的头端相接。利用一个单刀双掷转换开关，其公用端接电源相线，触头交替地与两套绕组的首端（也是电容的两端）相接，电路原理如图4—11所示。

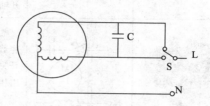

图4—11　对称绕组单相电容电动机正反转电路

2. 调换主绕组的头尾或辅绕组电路两端连接位置

对于两套绕组分主、辅的电容电动机，可通过调换主绕组头尾接线方向的方法改变转向。即主绕组U1端连接电源相线，主绕组U2端与辅绕组Z2端相连后接电源的中性线，为一个转向（公认为是正转）；将主绕组的头尾U1、U2两端调换方向连接后，转向就会和上述方向相反（反转）。这种改变转向的方法适应各种电容单相电动机。图4—12给出的是单值电容电动机的接线原理和实用端子接线图。

对较小容量的电动机，可使用HYR－30或KO－3等型号的转换开关，如图4—12b所示的电路图。较大容量的电动机则使用按钮控制两个接触器来实现这些转换，如图4—12c所示。

调换辅绕组电路（含绕组和电容器）两端连接位置，同样能改变电动机的旋转方向，如图4—12d 所示。

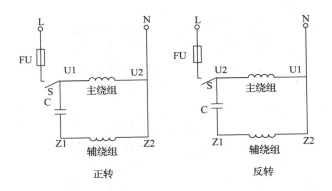

正转　　　　　　　　　　反转

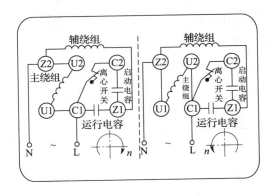

a）

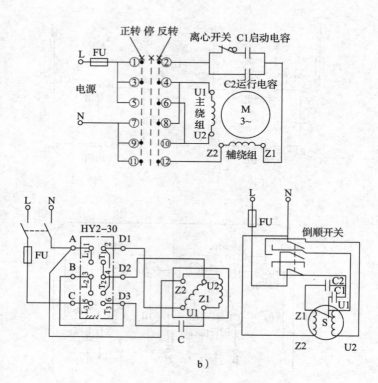

正转 停 反转　　离心开关 C1启动电容

L　FU
电源
N

①　②
③　④
⑤　⑥
⑦　⑧
⑨　⑩
⑪　⑫

U1
主
绕
组
U2

C2运行电容

M
3~

Z2　辅绕组　Z1

L　N

FU

HY2-30

A　　D1
B　　D2
C　　D3

L₁1
T₁2
L₂3
T₂4
L₃5
T₃6

Z2　U2
Z1
U1

C

L　N

FU

倒顺开关

C2
C1
U1

Z1　S

Z2　　U2

b)

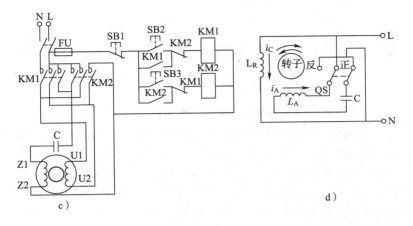

图 4—12　单相电容电动机改变转向的电路

a) 改变主绕组的头尾连接位置的电路图和端子接线图

b) 利用转换开关改变主绕组接线方向

c) 利用两个接触器改变主绕组接线方向

d) 利用双掷开关改变辅绕组电路接线方向

第五单元　对电气零部件电气性能的检查

为了保证组装后的整机电气性能合格，在绕组浸漆前和定、转子组装前，应对所要使用的电气部件进行电气性能检查。检查项目包括绕组对地和各相相互之间（未连在一起的绕组，例如三相绕组、多套的不同极数绕组等）的绝缘电阻及对地（铁芯或金属机壳）耐交流电压、匝间绝缘、直流电阻，以及其他电气元件（例如埋置的热敏元件、附加的防潮加热带等）绝缘及通断情况、电阻大小等。这些检查称为"半成品试验"。

试验的依据主要是国家标准 GB 755—2008《旋转电机定额和性能》、GB 14711—2013《中小型旋转电机通用安全要求》、GB 12350—2009《小功率电动机的安全要求》、GB/T 9651—2008《单相异步电动机试验方法》、GB/T 1032—2012《三相异步电动机试验方法》等。

本单元介绍试验所需设备、试验方法及注意事项，以及对不合格或异常现象的原因查找和处理方法。

模块一　对线圈、有绕组定子铁芯的尺寸检查

一、对线圈的检查

对绕好的线圈，应检查的项目有：①节距；②直线边长度；③端部长度和拐角情况；④总长；⑤整个线圈的导线顺直整齐情况（不得有硬折弯，若有连接点，应处在端部外侧，并且不得多于 1 个）；⑥漆皮是否有脱落、刮伤或漆瘤；⑦线径是否正确

（一般要在绕线前检查）；⑧每匝线股数；⑨线径。有关项目如图 5—1a 和图 5—1b 所示。

　　电动机绕组的匝数是一个相当重要的参数，必须得到保证。当匝数较少或生产批量很少时，可用人工数数的简单办法检查；使用匝数检测仪进行测量的方法如图 5—1c 所示。

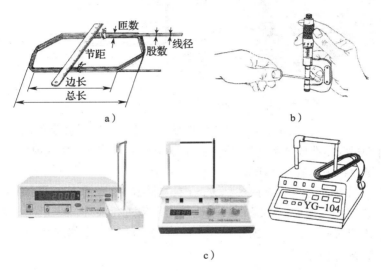

a)　　　　　　　　　　　b)

c)

图 5—1　对线圈质量的检查

a) 测量线圈主要尺寸　b) 用千分尺测量线径

c) 用线圈匝数测量仪测量匝数

二、对有绕组定子铁芯的检查

　　嵌线并接线整形后的定子铁芯称为有绕组定子铁芯，其结构尺寸示例如图 5—2 所示。在将其浸漆之前或装入机座之前，应检查其铁芯部分的内、外圆直径和长度、绕组端部的最大外圆和最小内圆直径以及伸出铁芯的长度等尺寸。

　　铁芯内、外圆直径用内径千分尺和外径千分尺进行测量；长度用卡尺或钢板尺进行测量；绕组端部的最大外圆直径和伸出铁芯的长度用卡尺或钢板尺进行测量。铁芯长度应在整个圆周上每隔

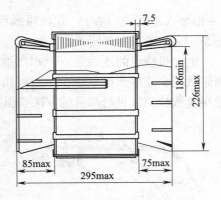

图 5—2　Y2 – 160M2 – 4 有绕组定子铁芯结构尺寸

90°测量一点，取 4 个数值的平均值作为测量结果。绕组端部的最大外圆过大会造成绕组与机壳或端盖的电气间隙减小到允许值以下；内圆直径小于最小允许值时，会影响转子的穿入，甚至不能穿入。

　　另外，还应检查铁芯部分的内、外圆的整齐情况，若有突出的硅钢片、槽楔、绝缘纸或其他异物，应进行清理。绕组端部的连线应规范、绑扎牢固，导线不应有漆皮脱落、划伤或磕伤造成的裸铜等现象。

模块二　测量绝缘电阻

一、仪表的选用

　　测量电动机绝缘电阻的仪表称为绝缘电阻表或者兆欧表，有手摇发电式和电子式两类。前者俗称"摇表"，各种规格的外形大体相同；后者又称为"高阻计"，外形各式各样。绝缘电阻表的规格是按其所发出的电压额定值来确定的。电动机试验常用的有 250 V、500 V、1 000 V、2 500 V 和 5 000 V 共 5 种。图 5—3 所示为几种绝缘电阻表的外形。

a)   b)   c)   d)

图 5—3   几种绝缘电阻表的外形

a）500 V 手摇式   b）1 000 V 手摇式   c）电子指针式   d）电子数字式

测量电动机绕组绝缘电阻时，不同电压等级的电动机应选用不同规格的仪表。表 5—1 和表 5—2 给出了选用的规定。

表 5—1   中、小型电动机测量绝缘电阻时兆欧表选用规定

电动机额定电压 /kV	≤1	1 ~ 2.5	2.5 ~ 5	5 ~ 12
兆欧表规格/V	500	1 000	2 500	5 000

表 5—2   小容量和单相电动机测量绝缘电阻时兆欧表选用规定

电动机额定电压 /V	≤36	36 ~ 500
兆欧表规格/V	250	500

测量埋置在绕组内和其他发热元件中的热传感元件等的绝缘电阻时，一般应选用 250 V 规格的仪表。

二、测试方法

1. 对仪表的检查

测量前，应对仪表进行短路试验和开路试验，检查其工作是否正常。对于手摇式仪表，先将两个引线相互绝缘，摇动发电机达到 120 r/min 左右，仪表指针应指向表盘的无穷大（符号"∞"）处；之后，将标注 L 和 E 标志的两个引线短接在一起，仪表指针应很快摆动到表盘的 0 处，如图 5—4 所示。如此则说明所用仪表正常。

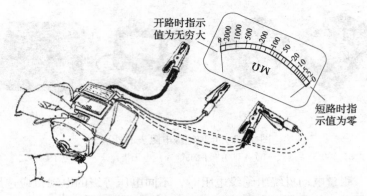

开路时指示值为无穷大

短路时指示值为零

图5—4　用短路和开路试验检查仪表是否正常

2. 接线和测试

（1）原则要求。接线时，仪表的 L 端应接被测绕组，E 端接铁芯或机壳，G 端一般不用。测量时，手摇发电的转速应保持在 120 r/min 左右；读数应在仪表指针达到稳定以后读取，一般需摇测 1 min 左右。为防止被测绕组在试验时的储存电荷电击，测量后，应将被测绕组对地放电后再拆测量线。这一注意事项对较大容量的电动机尤为重要。

（2）三相电动机。对电动机的各相绕组，如果它们的两个线端都已引出，则应分别测量每相绕组（所有绕组的引出端应用导线短接在一起）对铁芯（或外壳）的绝缘电阻和各相绕组相互间的绝缘电阻。试验时，不参与试验的绕组应与铁芯（或外壳）可靠连接。对已做好连接的三相绕组（如已接成 Y 形或 △形），则只能测量所有绕组对铁芯（或外壳）的绝缘电阻。如图5—5 所示。

（3）单相电动机。主、辅绕组的头、尾端均引出时，应分别测量两套绕组对机壳（对地）和相互之间的绝缘电阻；否则，只能测量两套绕组共同对机壳的绝缘电阻。对电容式单相电动机，测量时，电容器应接入到辅绕组的回路中（另有协议者除外）。

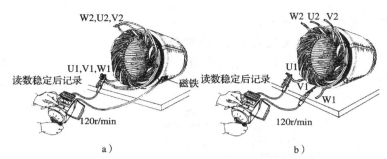

図5—5 測量三相交流電動機繞組対地和相間的絶縁電阻

a）繞組与鉄芯之間 b）毎両相之間

三、測量結果的判断

1. 一般用途的中、小型電動機繞組的考核標準

在常温状態下測量時（即所謂的"冷態"，即電動機繞組温度与周囲環境温度之差不大于 2 K 的状態）所測量的絶縁電阻値，在 GB 14711—2013《中小型旋転電機通用安全要求》中規定：対額定電圧 1 000 V 及以下的交流電動機，応不低于 5 MΩ；対額定電圧高于 1 000 V 的交流電動機，応不低于 50 MΩ。

運行到熱穏定状態（簡称"熱態"）時，応不低于 $[U_N/(1\,000 + P_N)]$ MΩ ≈ $(U_N/1\,000)$ MΩ，但最少為 0.38 MΩ，其中 U_N 為額定電圧（単位為 V）；P_N 為額定功率（単位為 kW）。

2. 小功率電動機繞組絶縁電阻的考核標準

在 GB 12350—2009《小功率電動機的安全要求》中 20.1 条規定：小功率電動機繞組的絶縁電阻在常温状態下（即冷態時）応不低于 50 MΩ；熱態時応不低于 5 MΩ。

模块三 繞組耐交流電圧試験

耐交流電圧試験是"介電強度"或"電気強度"試験的習慣叫法，如無特殊説明，応指耐正弦交流電圧試験，簡称"耐电压试验"或"耐压试验"。

一、所用试验仪及其使用注意事项

图 5—6 所示为低压电动机耐交流电压试验设备实物示例和电路原理简图。

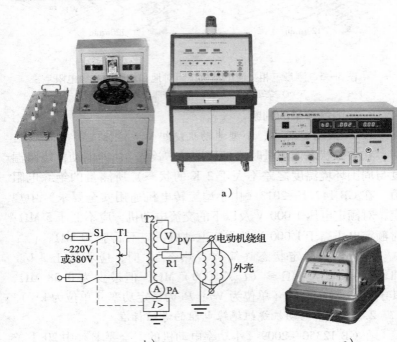

图 5—6 低压电动机用耐电压试验设备实物示例和电路原理图

a）实物示例 b）电路原理图 c）高压静电系电压表

对耐电压试验设备及其使用的要求如下。

（1）试验设备的变压器额定容量，用于中、小型低压电动机试验时，在 GB 14711—2013 中 24. 2. 8 条规定：按每 1 kV 试验电压计算，应不小于 1 kV·A，例如对于试验电压为 1 760 V 的，其额定容量应不小于 1. 76 kV·A；用于小功率电动机试验时，在

GB 12350—2009 中20.2.2条规定：应不小于 0.5 kV·A。

（2）显示试验电压的电压表必须接在升压变压器（T2）的高压侧。可采用高压静电系电压表，也可通过电压互感器或专用测量线圈接低压电压表（见图5—6c）。不允许利用变比的方式将低压电压表接在变压器的低压端。

（3）当被试品击穿时，试验设备应具有声、光指示和自动切断电路的功能，应有手动复位措施。

（4）试验设备应有可靠的接地装置，并且可靠接地。

（5）试验区域应有安全警示装置，如电铃和指示灯等。

（6）升压变压器（T2）的高压输出端接被试绕组，低压端接地。

（7）被试电动机外壳（或铁芯）及未加高压的绕组都要可靠接地。

二、试验方法和注意事项

1．试验接线

（1）进行绕组对地耐压试验时。进行绕组对地（实际为对铁芯或金属机壳，习惯称为"对地"）耐压试验时，将绕组引出的所有端点都用导线短路起来，并与试验变压器的高压输出高电位（不与接地体直接相连的一端）端相接，电动机的铁芯或金属机壳，一方面与试验变压器的高压输出低电位（与接地体直接相连的一端）端相接，同时应与试验区的地线相接。

另外，电动机中的热保护器件、防潮加热器件等其他不与被试绕组相连的电气元件的引出线也应与地线可靠连接。

（2）进行绕组相互之间的耐压试验时。对三相绕组电动机，各相绕组之间（俗称"相间"），对由不同绕组形成多个极数的变极多速电动机，当这些绕组在没有连接在一起时，除了进行上述绕组对地耐电压之外，还应进行各绕组之间的试验。此时应将一部分（例如一相）的头尾端相连之后与试验变压器的高压输出端任意一条输出线相接，其他绕组头尾连在一起后与试验变压器的高压输出端另外一条输出线相接。不参与试验的绕组和其他电气线路应与铁芯或机壳一起与地线可靠连接。

2. 试验过程

（1）试验时，加电压应从不超过试验电压全值的一半开始，然后均匀地或每步不超过全值的 5% 逐步升至全值，这一过程所用时间应不少于 10 s。加压达到 1 min 后，再逐渐将电压降至试验全值电压的一半以后才允许关断电源。

（2）为防止被试绕组储存电荷放电击伤试验人员，试验完毕，要将被试绕组对地放电后，方可拆下接线。

（3）试验时，非试验人员严禁进入试验区；试验人员应分工明确、统一指挥、精力高度集中，所有人员距被试电动机的距离都应在 1 m 以上。

3. 试验电压值和加压时间的一般规定

（1）试验电压值。在相关国家标准 GB 755 及行业标准中，都给出了电动机整机出厂检查试验时耐压试验电压值的规定，一般为（$2U_N + 1\,000$）V，其中 U_N 为被试电动机的额定电压（单位为 V），并规定最低为 1 500 V。

对多种额定电压的电动机，U_N 应为最高额定电压值。

对浸漆前的耐电压试验电压值，国家和行业标准中都没有明确规定。在电动机生产行业中一般是根据经验及行业中的某些指导性文件，对低压电动机，较常用的是（$2U_N + 1\,500$）V，即比成品检查试验的规定高出 500 V。

（2）试验加压时间

试验加压时间为 1 min（有特殊要求者除外）。

4. 批量生产流水线上试验电压值和加压时间的规定

在国家标准 GB 755—2008 中规定：对于批量生产流水线上（特别是微机控制的自动试验线上）进行出厂检查试验时，允许将加压时间缩短为 1s，但试验电压应提高到上述一般试验时的 1.2 倍，即为 1.2 $(2U_N + 1\ 000)$ V。

5. 对重复试验的规定

因本项试验对绝缘材料有损伤积累效应，所以，除非必须，一般不应进行重复试验。若必须，则所加电压应降至第一次试验时的 80%。

6. 对修理后绕组的试验规定

当用户与修理商达成协议，要对部分重绕的绕组或经过大修后的电动机进行耐电压试验时，则推荐采用下述细则。

（1）对全部重绕绕组的，试验电压值同新电动机。

（2）对部分重绕绕组的，试验电压值为新电动机试验电压值的 75%。试验前，对旧的绕组应仔细地清洗并烘干。

（3）对经过大修的电动机，在清洗和烘干后，应能承受 1.5 倍额定电压的试验电压。如额定电压为 100 V 及以上时，试验电压至少为 1 000 V；如额定电压为 100 V 以下时，试验电压至少为 500 V。

三、对试验结果的判定

试验时，原则规定不发生击穿或闪络为合格。一般规定高压泄漏电流达到一个规定的数值后即判为不合格。

1. 中小型电动机

GB 14711—2013 中规定如下：

（1）对额定电压≤1 kV 的交流电动机，当高压泄漏电流≥100 mA 时，则判该被试电动机击穿。

（2）对额定电压高于 1 kV 的交流电动机，判定电动机击穿的高压泄漏电流最大值按相关技术标准。

2. 小功率电动机

GB 12350—2009 中 21 项规定，当高压泄漏电流大于 10 mA 时，则判该电动机本项试验不合格（原文为"试验过程中的，跳闸电流值应不大于 10 mA"）。

模块四　绕组匝间耐冲击电压试验

一、试验仪器和试验原理

绕组匝间耐冲击电压试验所用仪器简称为"匝间仪"。其规格按输出最高冲击电压（峰值）划分，常用的有 3 kV、5 kV、6 kV、10 kV、12 kV、35 kV 等多种，输出引线有三相四线和三相三线两种。应按试验电压的高低和电动机额定容量来选择仪器的规格。

图 5—7 是几种国产匝间仪的外形。

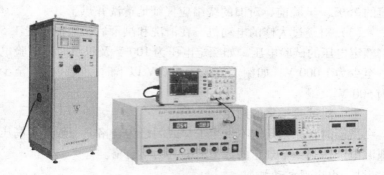

图 5—7　几种国产匝间仪

尽管不同类型的电动机和不同形式的绕组各有自己的试验方法标准，但其试验工作原理是基本相同的。

试验时，仪器给两个绕组轮换着加相同波形和峰值的冲击电压，并由示波器在其屏幕同一坐标系上显示这两个绕组的振荡衰减放电波形曲线。根据两条曲线的不同反应判定绕组绝缘和相关参数（主要是匝数）是否正常和故障原因（详见本模块第五部分）。

试验所用的这两个绕组，对三相电动机定子或转子，可为其任意两相；对单相电动机，其中一个是被试电动机的，另一个可用被试电动机上相同电路和磁路条件的另一个绕组，若无此条件，则应另备一个符合上述条件的绕组（同规格的一批电动机中的一台），这个绕组被称为标准绕组。

设计完全相同的两个绕组中，若其中一个绕组的某些线匝之间由于绝缘破损而形成了电的通路，则相当于减少了总匝数，这就造成了两个绕组有效电磁参数的不同，从而得到两个不同的放电波形曲线。

二、匝间仪使用方法及注意事项

不同厂家或不同规格的仪器使用方法是有所不同的，但其主要操作过程是相同的。现简述如下。

（1）将仪器可靠接地。被试品可接地，也可不接地。但如采用接地方式，则必须连接可靠，不得虚接，否则在试验时可能出现杂乱波形，影响对试验结果的判断。

（2）接通电源，打开仪器电源开关。仪器预热一段时间（一般为 5 ~ 10 min）后，其内部时间继电器接通高压电路，此时高压指示灯亮。仪器需预热的原因是仪器使用了电子管式闸流管做高压通断开关，其灯丝需要加热到一定温度后才能工作。若用晶闸管，则无须预热。

预热完成，高压指示灯点亮后，则可对电动机进行加压试验。

（3）调整好示波器图像（未加电压前是一条水平直线）的位置和亮度、清晰度；按被试电动机所需电压设定显示电压波形的比例（每格电压数）。用其自校功能键核定调出的电压波形和设定电压比例的一致性。

（4）按电动机或绕组类型选择接线方法，并接好线。

（5）合上高压开关，给被试绕组加冲击电压。观察示波器显示的波形。判断是否有匝间短路等故障。

（6）关断高压开关。对被试绕组对地放电后，拆下引接线。试验全部完成后，关闭电源开关。

三、交流低压电机散嵌绕组试验方法

相关标准为 GB/T 22719.1—2008《交流低压电机散嵌绕组匝间绝缘 第 1 部分：试验方法》。这里所说的"低压电机"，是指额定电压为 1 140 V 及以下的中小型三相和单相交流电机。

1. 试验接线方法

（1）三相绕组可按图 5—8a 和 5—8b 所示的方法接线。

（2）单相电机可采用两台相同工艺相同规格的电机，按图 5—8c 所示的方法接线。

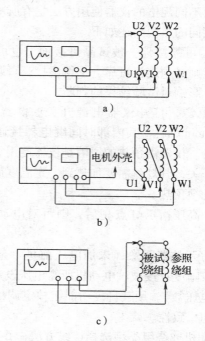

a)

b)

c)

图 5—8 交流电机绕组匝间耐电压试验接线方法

a）四线 Y 接法 b）四线 △ 接法 c）单相电机接线方法

2. 冲击试验电压输入方向

冲击试验电压的输入方向应根据运行时电源与电机接线端子

的实际接线方式进行选择。

（1）对具有一种额定电压的单速电机，若接线方向固定（例如电机绕组内部已接成了 Y 或△），冲击试验电压应从接电源端子输入绕组；若其有多种接线方式而电源进线方向不固定（例如可从 U1、V1、W1 端子进线，也可从 U2、V2、W2 端子进线），冲击试验电压应分别从可能的几种电源进线方向输入绕组。

（2）对具有多种额定电压的单速电机，冲击电压应从每种额定电压的接线方式及可能的几种电源进线方向输入绕组。

（3）对变极多速电机，冲击电压应从每种转速的接线方式及可能的每种电源进线方向输入绕组。

3．试验时间

按标准规定应冲击 3～5 次，一般控制在 1～2 s 之间，有必要时，还可加长。

四、交流低压电机散嵌绕组匝间绝缘试验电压限值

相关标准为 GB/T 22719.2—2008《交流低压电机散嵌绕组匝间绝缘　第 2 部分：试验限值》。对组装后的电机试验时，所加冲击电压（峰值）按式（5—1）计算。计算值修约到百伏。

$$U_Z = \sqrt{2}KU_G \qquad (5—1)$$

式中　K——电机运行系数（见表 5—3）；

U_G——成品耐交流电压有效值，V。

例如，对一般运行的电机，当 $U_N = 380$ V 时，$U_G = 2U_N + 1\,000 = 2 \times 380 + 1\,000 = 1\,760$ V，则

$U_Z = \sqrt{2} \times 1 \times 1\,760$ V $= 2\,464$ V　　修改到百伏后为 2 500 V。

在电机绕组嵌线和接线后浸漆前（俗称"白坯"）或浸漆后组装前进行试验时，所加冲击电压值可不同于式（5—1）计算所得值。增减比例由生产厂自定，一般取式（5—1）计算值的 85%～95%。

表 5—3　　　　交流低压散嵌绕组匝间冲击电压
试验电压值的运行系数 K

运行情况或要求	K	运行情况或要求	K
一般运行	1.0	剧烈振动、井用潜水、井用潜油、井用潜卤、高温运行（H 级以上）、驱动磨头（装入磨床内直接驱动砂轮）	1.20
浅水潜水	1.05		
湿热环境、化工防腐、高速（大于 3 600 r/min）运行、一般船用	1.10		
隔爆增安	1.05 ~ 1.20	特殊船用、耐氟制冷	1.30
屏蔽运行频繁起动或逆转	1.10 ~ 1.20（根据实际工况选用）	特殊运行（可根据生产厂与用户协商确定）	1.40

注：鉴于变频电源供电的交流电机可能遭受高压冲击的现实，作者建议将其列入到特殊运行一类中，即 $K = 1.4$。

五、利用曲线状态人工判定试验结果的方法

从前面的叙述可知，当采用双绕组对比法进行试验时，若两个绕组都正常时，两条曲线将完全重合，即在屏幕上只看到一条曲线。如图 5—9a 所示。

若两条曲线不完全重合，则有可能是被试的两个绕组存在匝间短路故障或磁路参数存在差异，也可能是仪器和接线方面的故障造成的。下面给出几种典型的情况供参考。因不同规格或不同厂家生产的匝间仪对绕组的同一种故障的反应会有所不同；另外，对三相绕组，不同的接线方式也会出现不同的反映，所以很难给出一个通用的判定标准。读者应不断通过试验总结经验，得出自己可行的判定标准。

1．两条曲线都很平稳，但有小量差异

如图5—9b所示。可能是由下述原因造成的。

（1）和总匝数相比而言，有少量的匝间已完全短路（或称金属短路）；

（2）若被试电动机这一个规格都存在这种现象，则很可能是由于磁路不均匀造成的，如槽距不均、铁芯导磁性能在各个方向不一致、绕组端部圆度较差（和机壳之间的距离有大有小）等；

（3）对于有较多匝数的绕组，也可能是其中一相绕组匝数略多或略少于正常值；

（4）对于多股并绕的线圈，在连线时，有的线股没有接上或结点接触电阻较大，此时两个绕组的直流电阻也会有一定差异；

（5）由两个闸流管组成的匝间仪，在使用较长时间后，会因两个闸流管或相关电路元件（如电容器的电容量及泄漏电流值等）参数的变化造成输出电压有所不同，从而使两条放电曲线产生一个较小的差异，此时，对每次试验（如三相电动机的三次试验）都将有相同的反应，但应注意，该反应对容量较大的电动机会较大，对容量较小的电动机可能不明显；

（6）仪器未调整好，造成未加电压时两条曲线就不重合。

2．两条曲线都很平稳，但差异较大

如图5—9c所示。可能是由下述原因造成的。

（1）两个绕组匝数相差较多或其中一个绕组内部相距较远（从理论上讲较远，但实际空间距离是零）的两匝或几匝已完全短路，此时两个绕组的直流电阻也会有一定差异；

（2）两个绕组匝数相同，但有一个绕组中的个别线圈存在头尾反接现象。此时两个绕组的直流电阻会完全相同或大体相同；

3．一条曲线平稳并正常，另一条曲线出现杂乱的尖波

如图5—9d所示。其原因如下。

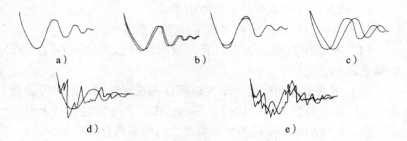

图 5—9　匝间耐电压试验波形曲线典型示例图

a）正常　b）有较小差异　c）有较大差异　d）有匝间短路放电
e）两相都存在匝间短路或铁芯接地不实

（1）曲线出现杂乱尖波的那相绕组内部存在似接非接的匝间短路，在高电压的作用下，短路点产生电火花，如发生在绕组端部，则可能看到蓝色的火花，并能听到"啪、啪"的放电声，可通过一根绝缘杆测听，如图 5—10 所示；

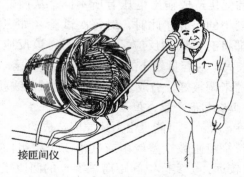

接匝间仪

图 5—10　通过一根绝缘杆测听匝间放电声

（2）仪器接线松动或虚接。

4. 两条曲线都出现杂乱的尖波

如图 5—9e 所示。原因有如下两个。

（1）被试的两套绕组都存在匝间短路故障；

（2）当铁芯采用接地方式放置时，接地点松动不实。

模块五　绕组直流电阻的测定试验

　　测量电动机绕组的直流电阻是组装前检查电工部件质量不可缺少的项目之一。各种类型的电动机测量方法基本相同。

　　在电动机试验中测量绕组的直流电阻时，一般采用准确度不低于0.2级的直流电阻电桥或数字电阻表。测量1 Ω及以下的直流电阻时，若使用直流电阻电桥，应使用双臂电桥。

一、用单臂电桥测绕组直流电阻的方法和注意事项

　　单臂电桥是单臂电阻电桥的简称，因其与被测电阻的两端各用一条导线连接而得名。测量时，引接线和所有连接点的接触电阻数值均包括在测量显示值之内，因此对测量较小的电阻数值将产生较大的误差影响。

　　现以图5—11所示的QJ23型单臂电桥为例，说明其使用参数、使用方法和注意事项。

　　1. 使用方法

　　（1）在电桥内装好3节2号干电池。若用外接电池，则应将电池正、负极用引线分别接在表盘上端钮3（＋、－）上。

　　（2）按下按钮B（元件11），旋动旋钮2，使检流计12的指针指到0位。

　　（3）将被测电阻接于端子8上。两条引接线应尽可能短粗，并保证接点接触良好。否则将产生较大误差。

　　（4）估计被测电阻的阻值，并按其选择倍率旋扭4所处倍数。选择方法见表5—4。

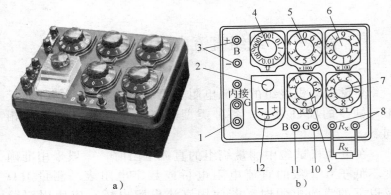

图 5—11　QJ23 型单臂电桥

a）外形　b）面板（测量状态）

1—检流计封、开端子和连接片；2—检流计调零旋钮；3—外接电源端子；
4—倍率旋钮；5—×1 000 旋钮；6—×100 旋钮；7—×1 旋钮；8—接被测电阻端子；
9—×10 旋钮；10—检流计按钮（G）；11—电源按钮（B）；12—检流计

表 5—4　　QJ23 型单臂电桥倍率与测量范围对应表

被测电阻 范围/Ω	1 ~ 9.999	10 ~ 99.99	100 ~ 999.9	1 000 ~ 9 999	10 000 ~ 99 990
应选 倍率（×）	0.001	0.01	0.1	1	10

（5）进一步按被测电阻估计值选择旋钮 5（×1 000）的数值（将所选数值对正盘底上的箭头，下同）。其余 6、7、9 旋钮置于 0 的位置。

（6）按下按钮 B（元件 11）后，再按下按钮 G（元件 10）。观看检流计指针的摆动方向。若很快摆到"＋"方向，则调大旋钮 5（×1 000）的数值，直到指针返回 0 位或向"－"方向摆去。

若摆向 0 位但未到 0，则固定旋钮 5，改旋动旋钮 9、7 或 6（向数增大的方向），细心调节，使指针到 0 为止。松开按钮 G 后，再松开按钮 B（下同）。

此时，从旋钮 5 到 9 依次读出数值，再乘以旋钮 4 所指倍数，即为被测电阻的阻值（Ω）。如图 5—11b 所示，被测电阻的阻值为 5 168 × 0.01 = 51.68 Ω。

若将 5、6、7、9 都旋到了最大数值（即 9），表针仍在"＋"方向的最边缘，则先将 5（×1 000）旋到数字 1 处，再旋动倍数钮 4，使其增大一个数量级，例如原为×0.1 改为×1。看表针是否摆向 0 或"－"方向。若仍未动，可再加大一级，直到摆向"－"方向为止。此时，依次旋动钮 6、7 等，使数值减少，到指针回到 0 为止。

总之，指针偏向"＋"时，倍数和数值钮往大数方向调节，指针偏向"－"时，倍数和数值钮往小数方向调节。直到指针指到 0 时为止。

2．注意事项

（1）若按下按钮 G 时，指针很快打到"＋"或"－"的最边缘，则说明预调值与实际值偏差较大，此时应先松开 G 钮，调整有关旋钮后，再按下 G 钮观看调整情况。长时间让检流计指针偏在边缘处会对检流计造成损害。

（2）B、G 两个按钮分别负责电源和检流计的合断。使用时应注意：先按下 B，再按下 G；先松开 G，再松开 B。否则有可能损坏检流计。

（3）长时间不使用时，应将内装电池取出。

二、用双臂电桥测绕组直流电阻的方法和注意事项

双臂电桥的接线端子有四个，分别用 C1、P1、P2、C2 标注，C1 和 C2 为电流端子，P1 和 P2 为电位端子，C1 和 P1 为一组，P2 和 C2 为一组。与被测电阻两端各通过这四个端子的引出线中的两条线相连接，这就是称为"双臂电桥"的原因。其最大的优点是测量值中不包括引接线的电阻和连接点的接触电阻，所以特别适合电阻值较小（一般指 1 Ω 以下）的电阻（应注意：这种说法是通过电工理论推导出来的，但实际上连接点的接触电阻还是有一定影响的，所以测量时还要十分注意要做到连接线尽可能短粗，连接点接触良好）。

该类仪器的种类很多，图5—12a和图5—12b分别给出了较常见的两种，其中QJ43型准确度较低，可用于常规检测；QJ44型准确度较高，可用于精确检测。现以QJ44型双臂电桥为例，说明双臂电桥的使用参数、使用方法和注意事项。

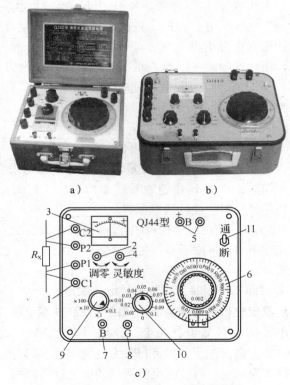

图5—12　QJ43和QJ44型双臂电桥

a）QJ43型　b）QJ44型　c）QJ44型面板（测量状态）

1—外接引线端子；2—检流计指针调零旋钮；3—检流计；4—检流计灵敏度旋钮；
5—外接电源接线端钮；6—小数值拨盘；7—合电源按钮（B）；
8—合检流计按钮（G）；9—倍数旋钮；10—大数旋钮；11—电源开关

（1）安装好电池。外接电池时应注意 + 、 - 极。

（2）接好被测电阻 R_x。应注意 4 条接线的位置应按图 5—12c所示，即 P1、P2 靠近被测电阻，C1、C2 在外，紧靠 P1、P2。接线要牢固可靠，尽可能减少接触电阻。

（3）将电源开关拨向"通"的方向，接通电源。

（4）调整调零旋钮（元件 2），使检流计（元件 3）的指针指在 0 位。一般测量时，将灵敏度旋钮（元件 4）旋到较低的位置。

（5）按估计的被测电阻值预选倍数（元件 9）或数值（元件 10）。倍数与被测值的关系见表 5—5。

表 5—5　　QJ44 型双臂电桥倍率与测量范围对应表

被测电阻范围/Ω	1 ~ 11	0.1 ~ 1.1	0.01 ~ 0.11	0.001 ~ 0.011	0.000 1 ~ 0.001 1
应选倍率（×）	100	10	1	0.1	0.01

（6）先按下按钮 B，再按下按钮 G。先调数值旋钮（元件 10）粗略调定数值范围，再调大转盘（元件 6），细调确定最终数值。如图 5—13 所示。

图 5—13　QJ44 型双臂电桥操作方法

检流计指针方向和调节旋钮元件9、元件10、元件6的方向关系原则上同 QJ23 中有关论述。

检流计指零后，先松开 G，再松开 B。测量结果为：

（10 号钮所指数 +6 号盘所指数）×9 号钮所指倍数

例如图 5—12c 所示，被测电阻 R_x 的阻值为：

$R_x = （0.05 +0.009）\Omega \times 0.1 = 0.059 \Omega \times 0.1 = 0.0059 \Omega$

（7）测量完毕，将电源开关（元件11）拨向"断"，断开电源。

注意事项和 QJ23 型基本相同。

三、用数字电阻表测绕组直流电阻

数字电阻表常被称为"数字微欧计"，如图 5—14 所示。

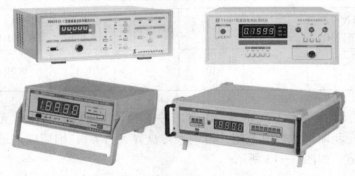

图 5—14　测量电动机绕组的数字电阻表

数字微欧计的工作原理，实际上是测量直流电阻的电流—电压法原理，即仪器给被测电阻两端施加一个电压后，将有电流产生。仪器通过测量和转换将电压、电流变成数字信号，再用其计算单元利用欧姆定律计算出电阻数值，在它的窗口显示出来。该类仪器的准确度主要决定于电流和电压的测量精度。一般可达到0.2 级。

用于电动机绕组直流电阻测量的数字微欧计的显示位数应根据所测量的阻值大小来决定，测量 1 Ω 以下的电阻时，应不少于4 位半。

数字电阻表的最大优点是使用方便，可进行数据储存和传递，温度修正等，有些类型还自带小型打印机。

通电测量时间不宜过长，输出电流应不超过被测绕组额定电流的 1/10，以避免绕组温度上升而影响测量值的准确性。

四、绕组直流电阻的测量方法

在测量绕组的直流电阻时，都要同时测量被测绕组的温度，若电动机处于实际冷状态，可用周围环境温度来代替绕组温度。

1. 三相绕组的测量

三相交流电动机均有对称的三相定子绕组，对绕线转子异步电动机，还有对称的三相转子绕组。当这些电动机定子或转子三相绕组各相的头尾端点都引出，或三相绕组已接成星形（Y形），但除三个相线引出外，中性线也引出时，可以分别测量各相的直流电阻。

当电动机三相绕组已接成星形或三角形，只引出 3 条线时，则只能测量每两个线端之间的电阻（简称为"端电组"）。若需要得到每相的电阻值，则需通过专用公式进行换算。

2. 三相相电阻与线电阻的简单换算方法

当测量值为 3 个端电阻，需要将其换算成相电阻，若实测三个端电阻的不平衡度较小时（见下述规定），允许使用下述简单的计算方法求取三相相电阻的平均值 R_ϕ。以下两式中，R_L 为三个实测端电阻的平均值。

（1）对三相星接绕组，当实测三个线电阻的不平衡度不超过 ±2% 时，

$$R_\phi = 0.5R_L \qquad\qquad (5—2)$$

【例 5—1】 对某三相星接绕组，实测的 3 个端电阻分别为 1.025 Ω、1.020 Ω 和 1.024 Ω，其三相平均值为（1.025 + 1.020 + 1.024）Ω/3 = 1.023 Ω，三相不平衡度为（1.020 − 1.023）/1.023 = − 0.293%，未超过 ±2%，则相电阻平均值应为 0.5 × 1.023 Ω = 0.511 5 Ω。

（2）对三相角接（△）绕组，当实测 3 个端电阻的不平衡度不超过 ±1.5% 时

$$R_\phi = 1.5 R_L \tag{5—3}$$

若将上述示例改为三相角接，则计算所得的三相不平衡度为 −0.293% ，未超过 ±1.5% 的规定。此时三相相电阻平均值应为 $1.5 \times 1.023\ \Omega = 1.534\ 5\ \Omega$。

五、不同温度时导体直流电阻的换算

一般金属导体的直流电阻与其温度有一个固定的关系。这个关系用式（5—4）表示。

$$R_2 = \frac{K + t_2}{K + t_1} \times R_1 \tag{5—4}$$

式中　R_1——温度为 t_1℃时的直流电阻，Ω；

　　　R_2——温度为 t_2℃时的直流电阻，Ω；

　　　K——导体的电阻温度换算常数（在 0℃时，导体电阻温度系数的倒数），一般规定是：对铜绕组，$K = 235$；对常用铝绕组，$K = 225$。

【例 5—2】　　在温度为 25℃时测得某铜绕组的直流电阻为 10 Ω，求该绕组在 95℃时的直流电阻为多少 Ω？

解：由题意可知，$K = 235$，$R_1 = 10\ \Omega$，$t_1 = 25$℃，$t_2 = 95$℃，用式（5—4）可得

$$R_2 = \frac{K + t_2}{K + t_1} \times R_1 = \frac{235 + 95}{235 + 25} \times 10\ \Omega = 12.69\ \Omega$$

答：该绕组在 95℃时的直流电阻为 12.69 Ω。

模块六　三相绕组接线的相序检查

检查电动机定子绕组接线的相序或磁场旋转方向是否正确，可采用假转子法、钢珠法等。

一、用相序仪确定电源相序

电动机定子绕组接线的相序或磁场旋转方向是否正确的判定与电源相序有关。这是因为，电动机标准中规定的旋转方向是以在按电源相序与电动机绕组相序相同为前提条件下提出的。所以，试验前，应用相序仪（见图5—15和图5—16）确定出电源引接线的相序。

将仪器三条线分别接电源三条相线，接通电源。此时，对于设置"正"、"反"指示灯的相序仪（图5—15中的a、b和图5—16给出的几种），若标"正"的灯比标"反"的灯亮，如图5—17所示，则说明电源相序与相序仪接线相同；若"反"灯比"正"灯亮，则说明电源相序与相序仪接线相反。此时可任意调换一对接线后通电再试一次。图5—15中的c、d和e三种则依据3个指示灯明、暗变化旋转顺序（方向）来确定。

电源相序确定后，用黄、绿、红三种颜色或A、B、C，U、V、W，L1、L2、L3等代号标在各线端上。标志应牢固清晰。

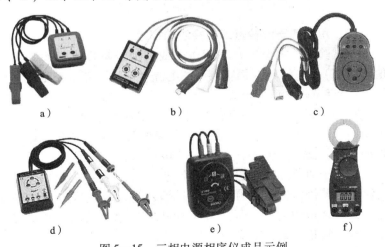

图5—15　三相电源相序仪成品示例

a）DYXZ‐02型非接触式　b）8031型　c）ST‐850型

d）8031F型　e）HIOKI非接触式　f）有确定相序功能的VC3266C钳形表

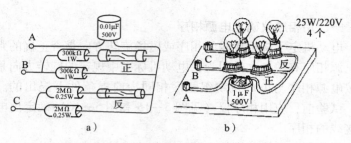

图 5—16　三相电源相序仪自制品示例

a）氖泡指示器式　b）灯泡指示器式

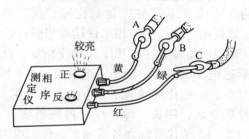

图 5—17　用相序仪确定三相电源相序

二、用假转子法检查三相接线的相序

在试验时，定子应通过调压器或其他设备提供频率为额定值、（1/5）～（1/4）额定电压的电源（电流不超过额定值）。

1. 微型轴承假转子法

将一个转动灵活的微型轴承装在一根木棒或塑料棒上，微型轴承即为一个"假转子"；也可用金属罐两端中心钻孔后穿入一根铁丝做轴做成假转子。如图 5—18a 所示。

给定子通已知相序的三相交流电后，将上述假转子放入定子内膛中。若该假转子能顺利起动并旋转起来，则它的旋转方向即为将来真转子的旋转方向，如图 5—18b 所示。由此可判定该定子三相出线相序是否正确。

若不能起动，可略提高电压，若仍不起动，或抖动而不转动，则说明定子接线有错误。

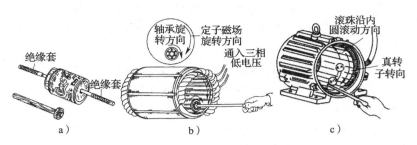

图 5—18 用假转子检查相序和接线的正确性

a) 可转动的假转子 b) 微型轴承假转子法 c) 钢珠假转子法

2. 钢珠假转子法

用一个 $\phi 10$ 左右的废轴承钢珠，放入定子内膛中。定子通入三相交流电后，用工具拨动钢珠，若它能紧贴定子内圆滚动起来，如图 5—18c 所示，则说明三相绕组接线相序是正确的，它沿定子内圆滚动的反方向是将来电动机转子转动的正方向（此时钢珠本身旋转的方向与电动机转子转动的正方向是相同的），此点应给予注意。若钢珠不能转动而在原地震动，或沿着定子内圆滚动一段距离后不再向前转动，则说明三相接线或其中一相接线有错误（例如同一相的两个线圈头尾接反等），也可能有对地短路故障。

该方法所需电压比第一种方法要高，所以更应注意防止电动机过热。

模块七 对埋置的热敏元件以及 防潮加热器的检查

为了防止过热烧毁电动机绕组和相关部件，在电动机绕组和其他发热元件（如轴承）里埋置了电源控制电路的热传感元件或热敏开关元件，以及为了处理受潮绕组安装了空间加热器时，应对这些元件进行检查和试验，并达到要求方可进行组装。

一、热传感元件和热敏元件的种类及工作原理

对埋置在绕组和其他发热元件（例如轴承）之中的热传感元件和热敏元件以及空间加热器，应测量其电阻值或通断情况，以判定其本身和相关连线是否正常。

用于电动机热保护的热传感元件和热敏元件有热敏开关、热敏电阻（PTCB 型，正温度系数型的一种）、热电偶和热电阻等几种，预埋在三相绕组中时，有时会用三只串联的类型。如图5—19 所示。

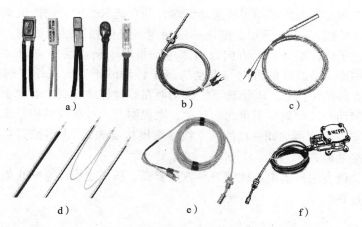

图5—19　电机热保护用热传感元件和热敏元件
a）热敏开关　b）防震型柱状热电偶　c）片状热电偶
d）热敏电阻　e）防震型柱状热电阻　f）防爆防震型柱状热电阻

前两种的作用相当于双金属片的热继电器，其中热敏开关本身就是一个双金属片控制的微型触点，串联在电动机电源控制回路中，在设定温度以下为常闭状态，待温度达到设定值时断开，来直接或间接地切断电源控制回路；PTCB 型热敏电阻则是在设定温度以下电阻保持在一个较小数值，串联在电源控制回路能保持正常的合闸电流，待温度达到设定值时，其电阻数值将急剧升高，使电源控制回路电流降低到不能维持合闸的状态，从而断开电动机电源，因此称其为"开关型热敏电阻"。

后两种则只起传递温度信号的作用，其中热电偶是在不同的温度下输出不同的电动势；热电阻则是在不同的温度下具有不同的电阻数值（接通一个恒流源电源后，将在其两端产生与温度有关的电压降），是否切断电动机电源进行保护动作，要由执行单元根据它们提供的这些信号来决定，所以这类元件被称为热传感元件。

二、测量电阻或通断情况

1. 热传感元件和热敏元件

测量时，使用万用表的 ×1 Ω 挡（对于数字式万用表应使用 200 Ω 左右的量程）。对与温度有线性关系的元件，应同时测量环境温度。一般要求测量时所加电压不应大于 2.5 V（直流）。应注意测量时接触要良好。

所得电阻值应在该产品样本或说明书给出的范围之内。

（1）Pt100 型铂热电阻。Pt100 型铂热电阻的国产品牌型号常用"BA2"表示。测量时的电阻正常值，根据 0℃ 时的电阻为 100 Ω，然后每相差 1℃ 电阻相差约 0.4 Ω 的关系进行计算得出，例如在 20℃ 时的电阻约等于 100 Ω + 0.4 Ω × 20 = 108 Ω。

表5—6 为 BA1 型和 BA2（Pt100）型铂热电阻的分度（阻值与温度的关系）表。

应注意：对于引出 3 条线的，其中两条同颜色（例如红色）的线在其内部是连通的，即测量值应为 0 Ω。有些产品在一个外壳中设置两套热电阻元件，所以共引出 6 条引线（每 3 条为一组）。

表 5—6   BA1 型和 BA2（Pt100）型铂热电阻分度表

温度/℃	电阻/Ω		温度/℃	电阻/Ω		温度/℃	电阻/Ω	
	BA1	BA2（Pt100）		BA1	BA2（Pt100）		BA1	BA2（Pt100）
−30	40.50	88.04	50	55.06	119.70	130	69.28	150.60
−20	42.34	92.04	60	56.86	123.60	140	71.03	154.41
−10	44.17	96.03	70	58.65	127.49	150	72.78	158.21
0	46.00	100.00	80	60.43	131.37	160	74.52	162.00
10	47.82	103.96	90	62.21	135.24	170	76.26	165.78
20	49.64	107.91	100	63.99	139.10	180	77.99	169.54
30	51.54	111.85	110	65.76	142.95	190	79.71	173.29
40	53.26	115.78	120	67.52	146.78	200	81.43	177.03

（2）热敏开关。常闭型热敏开关的电阻应等于或接近 0 Ω。

（3）热敏电阻。应根据使用规格而定，较常用的 PTC 型在常温下为 100～200 Ω。

（4）热电偶。应根据类型和规格而定。

T 分度铜—康铜和 K 分度镍铬—镍硅热电偶的分度（温度与所产生电动势的关系）见表 5—7。

表 5—7   T 分度铜—康铜和 K 分度镍铬—镍硅热电偶分度表
（0～+180℃，冷端温度为 0℃）

温度/℃	电动势/mV		温度/℃	电动势/mV		温度/℃	电动势/mV	
	T 分度	K 分度		T 分度	K 分度		T 分度	K 分度
0	0.000	0.000	50	2.035	2.023	100	4.277	4.096
10	0.391	0.397	60	2.467	2.436	120	5.227	4.920
20	0.789	0.798	70	2.908	2.851	140	6.204	5.735
30	1.196	1.203	80	3.357	3.267	160	7.207	6.540
40	1.611	1.612	90	3.813	3.682	180	8.235	7.340

2. 防潮加热带

为了避免绕组受潮影响正常工作，有些在特殊环境下使用的电动机，将一种专用的防潮加热带（或称为空间加热带，如图5—20所示），在绕组嵌线后绑扎端部时，将其包裹在绕组端部位置，其两条引出线连接在电动机接线盒内的专用端子上（高压电动机为专用接线盒）。该加热带用交流工频220 V或380 V供电。确认其是否正常的方法是用万用表电阻挡测量它的直流电阻。其正常阻值 R（Ω）与其额定功率 P_N（W）和额定电压 U_N（V）有关，应符合式 $R = U^2/P$ 计算所得到的数值，容差一般规定为 ±10%（应考虑测量时的温度与使用温度对阻值的影响）。

例如：额定功率 $P_N = 45$ W，额定电压 $U_N = 220$ V。则其电阻值 $R =（U_N^2/P_N）×（0.9 \sim 1.1）=（220^2/45）×（0.9 \sim 1.1）= 968\ \Omega \sim 1\ 183\ \Omega$。

a)   b)

图5—20 防潮加热带

a）BQ 系列中小低压型   b）HBQ 系列高压型

三、绝缘电阻的测试

1. 选用仪表和测试方法

测量热电阻等热保护元件的绝缘电阻时，一般应选用250 V规格的兆欧表。

测量热保护元件及防潮加热器的引出线与机壳以及绕组之间

绝缘电阻的测试方法同对绕组的测量。试验时，这些元件的所有引出线应连接在一起接兆欧表的高压端（L端）。

　　2. 考核标准

　　在 JB/T 10500.1—2005《电机用埋置式热电阻　第 1 部分：一般规定、测量方法和检验规则》中 4.2 款 a）项规定：热电阻的常温绝缘电阻应不低于 100 MΩ。

　　防潮加热器的常温绝缘电阻应不低于 5 MΩ。

四、耐交流电压试验

　　如无专门规定，对埋置在绕组和其他发热元件之中的热保护元件以及防潮加热器的耐交流电压试验，其方法和相关规定与绕组的规定基本相同。

　　试验电压施加于上述元件引出线端与电动机铁芯（或机壳）以及绕组之间。试验时，所有引出线应连接在一起。施加的电压值一般规定为 1 000 V（另有规定的除外），历时 1 min。试验中不击穿为合格。

模块八　微机自动控制定子试验台的使用方法

　　现在很多生产企业都在使用微机（工业控制计算机，以下简称"工控机"）控制进行自动监测的试验设备进行电动机电工半成品电气试验。这类成品的生产厂家很多，但其基本组成和使用方法大体相同。一般含控制和测试台一个、提供调压电源的三相感应调压器或接触式自耦调压器一台组成。现以图5—21 所示的石家庄优安捷机电测试技术有限公司生产的 YST系列单、三相交流异步电动机定子综合测试台为例，介绍其使用方法。

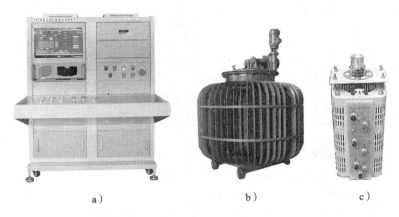

图 5—21　YST – II 型交流异步电动机定子综合测试台

a）控制和测试台　b）感应调压器　c）接触式自耦调压器

一、功能简介

主控系统的软件基于中文 Windows 系统平台，显示直观，操作方便；可完成的测试项目有：①直流电阻；②绝缘电阻；③匝间耐冲击电压试验；④耐工频电压试验；⑤定子磁场旋转方向（引出线相序）检查；⑥三相定子电流平衡测试。一次接线可完成全部选定项目（全选或选择其中一部分）；同时可提供手动控制判定功能；根据标准参数自动判别合格与否；具有试验后的数据分析、报表打印等功能；可存储数千种电动机标准参数。适用范围为机座号 56～560 的各种单、三相交流异步电动机定子。主要检测范围和指标见表 5—8。

表 5—8　　　　　　　　　主要检测范围和指标

项目	检测范围和指标
绕组直流电阻	量程为 0～0.02 Ω、0.02～0.2 Ω、0.2～2 Ω、2～20 Ω、20～200 Ω、200～2 000 Ω 共 6 挡；准确度为 0.2 级
绝缘电阻	量程为 500 MΩ，电压为 500 V，准确度为 5 级

项目	检测范围和指标
冲击匝间耐电压	调压方式为电动；脉冲电压范围为 0～3 000 V（峰值），视在波前时间为 0.5 μs；判断分辨率为 1/200 匝；不合格自动报警
工频耐压	变压器额定容量为 3 kV·A；调压方式为电动；输出电压为 50 Hz 正弦交流 0～3 000 V（准确度为 2 级）；高压泄漏电流量程为 50 mA（准确度为 2 级）

二、设备面板及布局介绍

单三相定子检测系统采用卧式机柜，面板及布局介绍如下。

1．工控机（以 710 型机箱为例）

（1）前面板（图 5—22）所布置的元件功能及说明见表 5—9。

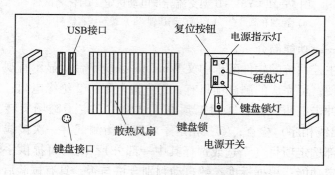

图 5—22　710 型工控机前面板

表 5—9　　　　　前面板所布置的元件功能及说明

器件名称	功能说明
散热风扇	向机内送风来降低其内部的温度。要定期清洗风扇前的可拆卸滤网
电源开关和指示灯	起动或关闭工控机的开关。注意：在计算机工作时，不可按此开关，否则将可能造成测试程序、系统软件甚至计算机硬件损坏 指示灯指示工控机电源工作状态，工控机工作时此灯亮

器件名称	功能说明
复位按钮	即 Reset 键，用来重新起动计算机。如遇到程序或系统死机不能操作时，按此按钮可重新起动计算机。注意事项同上述电源开关
键盘锁	此键按下后会锁住键盘和鼠标，使其不能工作，若操作键盘或鼠标计算机无反应时，请先检查此开关是否被按下
硬盘灯	指示工控机硬盘工作状态，硬盘工作时此灯亮起。注意：在此灯亮起或闪烁时不可关闭或重新起动计算机，否则将很可能造成测试程序、系统软件甚至硬盘损坏
键盘锁灯	指示工控机键盘锁状态，键盘锁锁上时灯亮
USB 接口	前置的 USB 接口，用以连接 U 盘、移动硬盘、USB 接口的打印机等其他扩展设备
键盘接口	此接口只可以插接键盘，不能接一分二转接头或连接鼠标

（2）后面板（图5—23）。以由左到右和由上到下的顺序进行介绍，见表5—10。

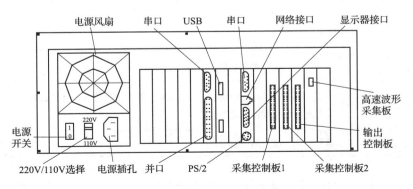

图5—23　710型工控机后面板

表 5—10　　　　　**后面板所布置的元件功能及说明**

器件名称	功能及说明
电源开关	直接控制工控机电源的开断
电源插孔	工控机输入电源线的插入接口
并口	25 针 D 形并行接口。工控机的并行通讯口，一般用于连接并行口型式的打印机
串口	29 针 D 形接口，RS-232 通讯模式。用在系统中与旋向测试板的通信连接
USB 接口	后置的 USB 接口，用以连接 U 盘、移动硬盘、USB 接口的打印机等扩展设备
显示器接口	25 针 D 形显示器接口，用来连接显示器
PS/2 接口	连接键盘或鼠标，并可通过一分二转接头使键盘和鼠标同时连接（但插接时注意转接头键盘和鼠标的标志，如果插接错误可能造成计算机不能识别键盘和鼠标）
采集控制板 1	通过 40 针排线与电阻单元连接，检测各种输入信号（如起动信号、过流击穿信号等），采集电阻及各项电量测量值，并驱动晶闸管用于匝间测试
采集控制板 2	通过 40 针排线与绝缘电阻及高压测量单元连接，采集绝缘电阻值、匝间电压和耐压电压与泄漏电流值
输出控制板	通过 40 针排线与控制输出的 24 位继电器板连接，计算机通过此控制板控制继电器动作
高速波形采集板	用于采集匝间脉冲波形

2．控制按钮与指示灯（图 5—24）

控制按钮与指示灯的名称、颜色及功能见表 5—11。

图 5—24　控制按钮与指示灯

表 5—11　　控制按钮与指示灯的名称、颜色及功能

类别	名称	颜色	功能
按钮或带指示灯按钮	匝间升压	绿	升高匝间测试的电压
	匝间降压	红	降低匝间测试的电压
	耐压升压	绿	升高耐压测试的电压
	耐压降压	红	降低耐压测试的电压
	起动	绿	系统开始进行测量起动确认的按钮
	停止	红	按下时，系统停止测量。在测试过程中或测试结束后都可以按下
	急停1	红	工位1的紧急停止按钮，按下此按钮则该工位断电（工位继电器不吸合）。此按钮按下后需顺时针旋转才可打开
	急停2	红	工位2的紧急停止按钮，按下此按钮则该工位断电（工位继电器不吸合）。此按钮按下后需顺时针旋转才可打开
	过流复位	红	在多工位测试设备中，如果过流击穿，则所有继电器停止工作，在测试界面中会给出相应提示并等待按下此按钮以便确认。此按钮按下后才会继续测试其他工位

类别	名称	颜色	功能
指示灯	电源指示	红	指示设备电源开关的当前状态
	3 线	红	显示当前测试定子已经封头有 3 条引出线
	6 线	绿	显示当前测试定子未封头有 6 条引出线
	运行 1	绿	指示工位 1 的工作状态，当工位 1 的运行指示灯亮起，则表示此工位正在进行测试（此指示灯用在二工位测试系统上）
	运行 2	绿	指示工位 2 的工作状态，当工位 2 的运行指示灯亮起，则表示此工位正在进行测试（此指示灯用在二工位测试系统上）
其他	电源开关		测试设备的总电源开关
	旋向电压		显示定子旋向电压，以便监视与调节
	接线选择		2 挡选择开关，选择当前系统按照 3 引出线或 6 引出线方式进行测试
	灯光报警	红	根据测试的结果给予相应的提示，如果测试合格，则短鸣一声；如果测试不合格，则一直鸣叫并闪烁，直到按下停止按钮为止

三、测量控制界面介绍

1. 起动和测量控制界面

打开计算机（工控机）和显示器，计算机将自动引导至 WINDOWS 操作系统的桌面。此时应检查试验定子接线通电开关（起动按钮）处于关闭状态。

如果计算机起动后没有自动进入测试系统界面，则可通过双击桌面上的快捷方式图标（见图 5—25。测试程序保存在"D：\定子测试"目录下）进入测试系统界面（如图5—26所示的提示窗口）。再显示出如图5—27所示的测量控制界面。

测量控制界面由"菜单栏""测试面板""控制面板""提示栏""状态栏"共5部分组成。

图5—25　显示器初始桌面

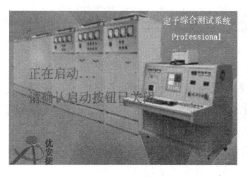

图5—26　进入测试系统提示界面

2. 菜单栏所包含的项目及说明

操作命令的下拉菜单。此菜单栏内设置"参数设置P""权限控制（W）""操作控制C""数据统计R""帮助（Y）"退出（Z）"共6个项目，如图5—28所示。对各项说明如下。

石家庄优安捷机电测试技术有限公司YST电机定子综合测试系统
参数设置P 权限控制(W) 操作控制C 数据统计R 帮助(Y) 退出(Z)
三相电机
绝缘电阻
500
MΩ
0
mA
主相匝间
系统提示：
2013-12-3
10:56:40

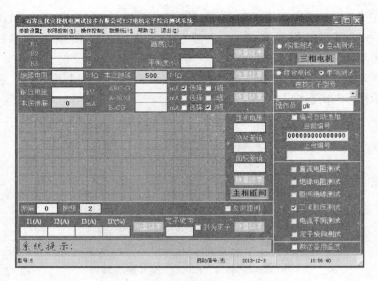

图 5—27　控制界面

石家庄优安捷机电测试技术有限公司YST电机定子综合测试系统
参数设置P 权限控制(W) 操作控制C 数据统计R 帮助(Y) 退出(Z)

图 5—28　菜单栏包含的项目

（1）“权限控制（W）”

1）设置权限控制的目的，是限制标准数据库中的标准数值被随意修改。

因为给出试验性能参数的控制标准是一项比较严肃的技术工作，是保障产品质量水平的关键一环。一般应由企业的技术部门根据国家和行业相关标准及本单位设计和实测值，并结合材料和工艺的正常波动范围等很多条件制定的。所以，决不允许除制定人员之外的其他人员（包括一些领导和试验操作人员）根据自己的理解或特殊需要（常见的是判定不合格时，想通过放宽标准的方式“合理”地放行）随意调整。

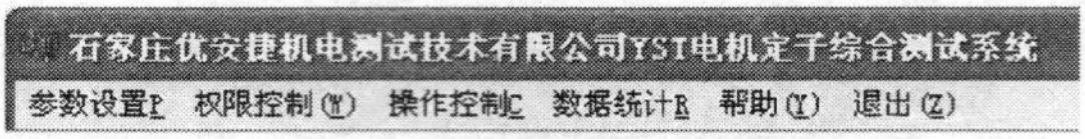

2）设置操作程序如下。

①权限设定——在图5—27的界面中，单击"权限控制（W）"菜单项后，出现"权限设定（Z）"和"权限更改（Y）"（见图5—29）两个项目子菜单。选择"权限设定（Z）"命令，弹出如图5—30所示的窗口，在"用户名"栏目内输入授权人名称，在"密码"栏目内输入授权人密码。然后，根据要求，在"权限等级"栏目内输入权限等级代号（共有4种权限，见图5—30和表5—12）。核实后，单击"保存修改"（图5—30）按钮，之后单击"退出"按钮。

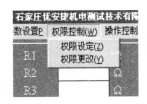

图5—29　权限控制（W）

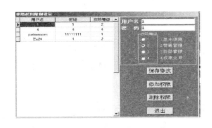

图5—30　权限设定（Z）

表5—12　　　　　　　"权限控制（W）"的4种权限

权限种类	权限范围及说明
"基本使用"	①可进行最基本的操作 ②每次进入测试参数的编辑管理界面时，要输入正确的密码后才可以进入 ③不可设置权限 ④不可设定匝间判断方式 ⑤不能修改系统对标系数 ⑥调试窗口不出现 ⑦不能设置报表保存方式
"普通管理"	可以进行一些简单的管理操作，与"基本使用"权限相比较： ①不用输入密码就可以进入测试参数的编辑管理界面 ②可以设置报表保存方式

续表

权限种类	权限范围及说明
"特级管理"	高级别的管理权限，可使用测试程序提供的除与系统调试有关的其他全部功能。与"普通管理"权限比较： ①可进入权限设置窗口，对"基本使用"、"普通管理"、"特级管理"3种权限进行设置，但不能对"权限全开"这一级别进行设置 ②可设定匝间判断方式
"权限全开"	最高级别的管理权限，可使用测试程序提供的全部功能（包括系统调试功能）

②修改权限——在图5—29页面中单击"权限更改（Y）"命令，在图5—30窗口左侧权限列表框中选择要修改的权限项目，在"用户名"与"密码"文本框中会显示当前选中的项目，"权限等级"中显示当前权限等级。修改完成后单击"保存修改"按钮则完成此次修改操作。

③添加权限——如需重新增加使用权限时，单击"添加权限"按钮，左侧权限列表框中会添加一条空的记录，在右侧文本框内输入用户名、密码，在选择框中选择相应的权限等级后单击"保存修改"按钮，添加完成。

④删除权限——在窗口左侧权限列表框中选择要删除的权限项目，单击"删除权限"按钮，在弹出的询问窗口中确认，即可删除此项目。操作完成后，单击"退出"按钮，则直接退出测试程序。

（2）"参数设置P"

1）首先进入"权限变更"栏目，输入用户名和密码，之后单击"确定"按钮。当下方出现"密码正确，获得××权限"（见图5—31）后，图5—27的界面将变成如图5—32所示的界面，前后的不同点只在于上端的菜单栏项目，此时增加了"测试设置（X）"和"系统调试（D）"两个菜单项，如图5—33所示。

2）在图5—32界面中单击"参数设置P"，弹出如图5—34所示的测试参数编辑管理界面。"参数设置P"栏目中的内容及输入说明见表5—13。

表5—13　　测试前要求输入的参数值（字段）

序号	参数名称	说　　明
1	电机型号	通过检索"电机型号"，可查找并选择电机的各项参数。此字段的值在数据库中是唯一的。如果在输入中有重复的"电机型号"出现，将出现错误提示
2	电机相数	电机类型的选择。可在"单相"和"三相"中进行选择
3	接线选择	选择当前型号按照3引出线或6引出线方式进行测试
4	电阻1上限	三相电机三相绕组或单相电机副绕组直流电阻在标准温度下的上限值，单位为Ω（注：电阻的上限值决定电阻测量单元的选挡，如果选挡有误，可能引起超量程或测量数值不准确）
5	电阻1下限	三相电机三相绕组或单相电机辅绕组的直流电阻在标准温度下的下限值，单位为Ω
6	电阻2上限	单相电机主绕组的直流电阻在标准温度下的上限值，单位为Ω（注：①同第3项；②此项只在单相电机测试中用到，三相电机可不设置）
7	电阻2下限	单相电机主绕组的直流电阻在标准温度下的下限值，单位为Ω（注：同第6项注②）
8	电阻平衡	三相电阻的不平衡度上限。默认值为±3%。输入范围为0～100（注：此项只在三相电机测试中用到，单相电机可不设置）

序号	参数名称	说　明
9	电阻时间	单个电阻测量时间。单位为 ms。推荐值为 500（注：不应小于 500 ms，被测电阻越小，时间应越长）
10	标准温度	用于对电阻测量值进行温度修正。所给出的电阻上、下限的数值，是"标准温度"时的电阻值，单位为℃。推荐值为 20 或 25，最大值为 200
11	绝缘下限	判断绝缘电阻合格与否的标准，单位为 MΩ。推荐值为 50
12	绝缘时间	绝缘电阻测量时间，单位为 s。默认值为 1。一般情况下设定为 1 即可，如发现绝缘电阻测试不稳定时，可以适当延长时间
13	匝间电压	匝间试验所加电压（峰值，单位为 kV）。如果测试系统为自动调压方式，此值为调压单元调整电压的参照值。无论在自动或电动调压设备上，在匝间测试时所采集到的电压与此标准参数进行比较，如果相差 ±20%，则系统会给出相应的提示
14	绝对差值	匝间试验合格与否的判定标准之一，也叫差值的面积，单位为%。推荐值为 50 ~ 100
15	面积差值	匝间试验合格与否的判定标准之二，单位为%，一定要控制在 25% 以下。如果没有匝间短路或接线错误等故障，该值的重复性不会超过 5%
16	耐压电压	同第 13 项"匝间电压"
17	泄漏上限	工频耐压高压泄漏电流上限，单位为 mA。按规定输入，最高为 100 mA
18	泄漏下限	工频耐压泄漏电流下限，推荐值为 0.1 mA。此设置用于防止未给被试定子加电及未接地线时出现 0 mA 所产生的误判

序号	参数名称	说　　明
19	耐压时间	进行耐电压试验时，施加规定电压的持续时间。单位为 s。推荐值为 1
20	电弧侦测等级	1 级为最灵敏级别；2 级次之；3 级为最强级别。一般选择 3 级。泄漏电流是用有效值判断，在一个有效周期内，有效值不超标，但有时在电压峰值时，泄漏电流出现尖峰放电现象，线圈出现轻微放电打火及吱吱响声，用此方法来判断
21	平衡电流	在测量三相定子电流平衡度时电流的上限值，此参数不参与判断，只是用来给电量测量单元提供电流的挡位。单位为 A
22	电流平衡	三相定子电流的不平衡度，单位为%
23	平衡时间	三相定子电流平衡度试验的持续测量的时间。单位为 s
24	旋转方向	定子磁场旋转方向判断标准（相序），选择"顺时针"或"逆时针"

　　在本系统中，测试参数的设定在自动测试时，对测量结果的判定、测量精度的准确性和测试数据报表的打印都起着重要的作用，所以，要极其细心准确地输入相关数据。

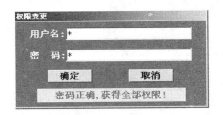

图 5—31　输入和确认权限

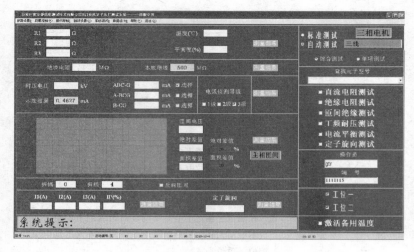

图 5—32　控制界面

石家庄优安捷机电测试技术有限公司YST电机定子出厂测试系统------权限全开

参数设置P　权限控制(W)　操作控制C　测试设置(X)　系统调试D　数据统计B　帮助(Y)　退出(Z)

图 5—33　控制界面中的菜单栏项目

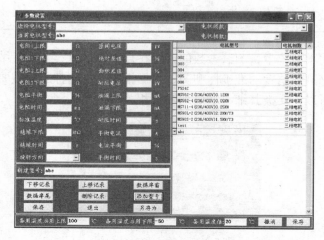

图 5—34　型号和相关参数、考核标准数值

3）测试参数的输入编辑管理。在"参数设置"测试参数的编辑管理界面（见图5—34）中要对电机的测量参数进行输入、修改，具体操作如下。

①输入电机型号——在"新建型号"输入框中输入要添加的电机型号后，单击"添加型号"按钮，新建一条记录。

②调取已输入的电机型号——在下拉列表中选择所需的电机型号，或直接在"选择电机型号"后的列表框中输入电机型号（注：要连续输入电机型号）。

③输入和删除电机型号——若要删除某一个已经输入的电机型号，则选择已有型号后，单击"删除记录"按钮，当前电机型号记录则被删除（含已输入的与该型号电机有关的其他数据）。

④输入电机相数——在"电机相数"栏内确定已输入型号电机是三相电机还是单相电机。

⑤输入接线选择——在"接线选择"栏内确定已输入型号电机是按照3引出线或6引出线方式进行测试，配合机柜上的接线选择旋钮。当旋钮选择和参数设置的接线方式一致时，方可起动，否则提示错误。

⑥输入电机参数和考核标准——输入电机型号后，在"当前电机型号"框中显示当前电机型号（此框不可以编辑）。然后在下面的栏目中填入该电机的相关参数和考核标准数值。

单击"下移纪录"键——将当前所在记录向下移动一条。

单击"上移纪录"键——将当前所在记录向上移动一条。

单击"数据库首"键——回到数据库的第一条记录。

单击"数据库尾"键——回到数据库的最后一条记录。

单击"保存"键——将修改后的记录保存。

单击"另存为"键——将参数数据库保存到其他的路径中。

单击"退出"键——退出测试参数的编辑管理界面。

（3）"操作控制C"。单击"操作控制C"菜单项，出现"备用温度选择（Z）"命令，如图 5—35 所示。设置本项是为了防备测试温度单元损坏时，对测试工作的影响。激活"备用温度"是为了防止因为温度传感器及温度采集模块损坏而影响电阻测量，用此功能可以临时使用。不选中时，此功能无效；选中时，当测量到的当前温度大于备用上限或小于备用下限时，系统自动将备用温度默认为环境温度。备用上、下限及备用温度在测试参数的编辑管理界面中输入。

（4）"测试设置（X）"。单击"测试设置（X）"菜单项，出现"匝间判断设定（Z）"命令，如图 5—36 所示。单击该项目对匝间试验所需参数进行设置或调整。

图 5—35　"备用温度选择（Z）"　　　图 5—36　"测试设置（X）"

（5）"系统调试D"。在设备调试或维修时，针对采集控制板 1 和采集控制板 2 以及输出控制板的调试工具（如图 5—37 所示），选择相关项目（略）。

（6）"数据统计R"。对测试结果数据库进行的操作。其中主要为"数据报表"（测试数据报表界面）。

（7）"帮助（Y）"。给出需要帮助解决的相关内容。

图 5—37　"系统调试D"

（8）"退出（Z）"。保存当前所有设置后，退出测试系统。

四、测试前的准备工作

1．连接被试定子线路

按被试电机类型（单相或三相）和引出线的情况（对于三相电动机，引出 6 条线或 3 条线），连接试验台与被试定子之间的连线。

2．起动系统及程序

（1）合上系统电源。系统接线正确后方可起动系统总电源。

首先将系统所需各种电源送入系统，然后合上配电柜电源断路器和控制电源开关。

检查电压表指示是否正常。无异常现象后，合上工控机及显示器电源，起动计算机，计算机将自动引导至 WINDOWS 操作系统的桌面。

（2）起动软件。如果计算机起动后没有自动进入测试系统界面，通过双击桌面上的快捷方式图标进入测试系统界面。测试程序在 WINDOWS 系统中运行。

3．调取或输入被试电机型号

在"查找电机型号"栏目中，单击"▼"键，在下拉列表（见图5—38）中选择所需的电机型号或直接输入要测试的电机型号。选中型号后即可将该型号的标准参数调出。

4．输入电机编号

将光标移到"编号"输入框中，点击鼠标右键，弹出快捷菜单（见图5—39），选中工位号后，在输入框中输入该工位电机的编号。之后，按"回车"键保存到系统中。

当"自动递加"选中后，在综合测试时，每测试完一台电机，则电机编号自动加1，免去重复输入。如果"自动递加"选中后，文本框中为空白，则系统会自动建立一个编号，建立原则为当前日期加上字符串，例如"2007 – 8 – 28 – 001"。

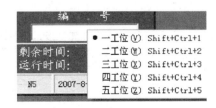

图5—38　选择被试电机型号　　　　图5—39　输入被试电机编号

5. 试验员选择与管理

单击"▼"键，可在下拉列表中选择事先输入的试验员名称，也可在列表中添加新试验员名称或删除现有的试验员名称。

如果要添加新试验员名称，单击"添加试验员"按钮，弹出试验员添加窗口（见图5—40）。在框中输入试验员的姓名后，单击"确定"按钮添加到列表中。如果要删除某个试验员，单击"删除试验员"按钮，在弹出询问窗口后单击"确定"按钮即可。

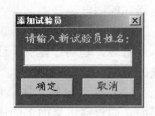

图5—40　添加新试验员名称

6. 所需要测试项目的选择

当测试方式设定为"标准"时，只可选择"单项测试"即"电阻""绝缘""匝间""耐压""电流平衡""旋转方向"6项中1项进行测试。

当测试方式设定为"自动"时，可选择"单项测试"或"综合测试"。选择"综合测试"时，6个测试项可以同时选择并进行连续测试。

"综合测试"时，所有项目在自动状态下连续测试。此时若有一项不合格，则该工位停止测试，并在全部工位测试完成后报警提示。按"停止"按钮停止测试。

为了使测试方式的切换和测试项目的选择操作更方便，系统提供了下述快捷键（见表5—14）。

表5—14　　　选择测试方式和测试项目的快捷键

测试方式和测试项目	快捷键	测试方式和测试项目	快捷键
电阻测试	F1	全部测试项目	F5
绝缘测试	F2	标准与自动的切换	F10
匝间测试	F3	单项与综合的切换	F11
耐压测试	F4		

⚠ 注意：在选择好测试方式、项目和测试工位后，检查电机接线无误，按"起动"按钮就可以进行测试了。

五、试验流程

进入测试程序之前，应关闭其他程序，以确保系统测量的稳定性和准确性。另外，应确认与被试定子的连线已接好。

当选定"综合测试"时，按下起动按钮后，系统将按如下流程进行试验和相关处理。

①电阻测试（合格，进行本工位的下一项测试；不合格，退出本工位的本次测试。以下第②项和第③均如此进行）→②绝缘电阻→③匝间测试→④耐压测试（对手动调压设备，如果击穿，则系统会给出提示，在按下"过流复位"按钮后，进行下一工位的耐压测试），根据用户要求可以调整测试顺序。

测试过程中有不合格项目则会报警，直到按下"停止"按钮；若合格则会有一声提示音。

测试完成后，需要按下"停止"按钮方可继续操作。

试验情况将在测试界面上逐一被显示，并根据事先输入的标准进行合格与否的判定。三相电机如图5—41所示。

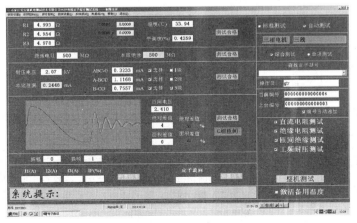

图5—41 三相电机测试进行中的测试界面示例

六、测试数据显示和判定结果说明

参照图5—41所示数据（三相电机），说明测试结果的显示区域的内容如表5—15所示。所有项目合格时，显示黑色字体（数字、字母或汉字，下同），"测量结果"显示蓝色字体的"测试合格"；不合格时显示红色字体，"测量结果"显示红色字体的"不合格"。

表5—15 测试数据和判定结果说明

项目框	分项内容	显示说明
直流电阻	R1、R2、R3	显示三相电机的3个端电阻或单相电机的主、副绕组电阻。如果电阻实测值超过上限，则显示"over"。用黑色字体显示电阻平均值
	平衡度	显示三相电阻实测值的平衡度（单相电机此项不显示）
	温度	电阻测量时的环境温度，用于"标准温度"进行温度修正计算
	副相电阻	单相电机测量时选择是否测量副绕组电阻值
	主相电阻	单相电机测量时选择是否测量主绕组电阻值
绝缘电阻	绝缘电阻	绝缘电阻测量结果的显示
	本底绝缘	在单项标准测试时，采集设备本身的绝缘电阻，以便在自动测试时计算出电机的绝缘电阻
匝间试验	匝间电压	显示匝间测试时的电压值
	绝对差值和面积差值	匝间波形间的绝对差值和面积差值。"测量结果"：两者都合格显示"测试合格"；有1项不合格"测量结果"则显示"不合格"
	框格	显示匝间试验波形
	振幅值	显示匝间试验波形的振幅（波形的高低）
	振频值	显示匝间试验波形的振频（波形的宽窄）
	主相	单相电机测量时，选择是否比较主绕组匝间波形
	副相	单相电机测量时，选择是否比较副绕组匝间波形
	主相匝间	显示当前所测试的匝间绝缘情况。测量三相电机时，显示"A相匝间"、"B相匝间"、"C相匝间"；测量单相电机时，显示"主相匝间"、"副相匝间"
	反向匝间	选择是否进行反向匝间绝缘测试

项目框	分项内容	显示说明
工频耐压	耐压电压	显示耐压测试时的电压值
	泄漏电流	显示耐压高压泄漏电流值。超上限值显示红色字体"超上限值";超下限值显示蓝色字体"超下限值"
	本底泄漏	显示设备本底泄漏电流。耐压测试通过过流继电器来判断电机击穿。如果击穿,则继电器吸合,状态栏中的"系统提示"会提示"电机击穿"
三相电流平衡	I1、I2、I3	分别显示 A (U)、B (V)、C (W) 相的线电流测量值,单位为 A
	IP (%)	显示三相电流平衡度
定子旋向	—	显示旋向的测试结果

七、其他说明

1. 控制面板 (选择测试项目和控制测量方式)

(1) "测试方式"。控制单项测试时的测量方式。有"标准"和"自动"两个选项。两种方式在各项的意义不同。下面将对各测试项目的测量方式进行介绍。

(2) 电阻测试。电阻的量程选择由设置参数中的电阻上限值选定。自动状态时,此测试结果是经过温度自动修正到标准温度下的电阻值;标准状态时,此测试结果是当前环境温度下实际测量值。为了消除引线长短对测试电阻的影响,本仪器引出线采用 6 根线 (即 A、B、C 相各 2 根) 到电机端再连接在一起,本仪器采用了四端测量技术,原则上消除了设备内接触电阻及测试引线电阻的影响。

⚠ 注意:"自动"或"标准"模式下,电阻值显示均为"over",此情况为电机电阻大于所设定的电阻上限,应将上限放大一些;若电阻显示均为 0.000,则是电机电阻远小于所设定的电阻上限,应将上限适当缩小。

（3）绝缘电阻测试。绝缘电阻在标准状态下测量的是设备本身（包括测试线）的绝缘电阻。测试的数据将在"本底绝缘"中显示。测量时，应将测试线与电机断开，为了测试本底数据的准确性，将所有测试线连在一起悬空，与地线断开。在自动状态下（接上电机）测量的是去除本机绝缘后的绝缘电阻（本机绝缘电阻与电机的绝缘电阻为并联关系）。

（4）匝间测试相关说明（测试线接好电机）。

①自动状态匝间测试三相电机时，是将第一相的匝间波形作为标准波形与后两相进行比较；测试单相电机时，是将实测的匝间波形分别与采集好的主、副绕组匝间波形进行比较。

②标准测试的主要目的，是让用户调整匝间波形的振幅（高低）和振频（宽窄）及匝间电压。此时测试线要接上电机定子。在标准状态测试时，主、副绕组的匝间波形都要采集。

③匝间标准的采集方式：按下起动按钮后，按空格键采集一次标准波形，按"↑"或"↓"键调整匝间振幅，按"←"或"→"键调整匝间振频，按"Page Up"或"Page Down"键进行相间的切换。将匝间波形调整到合适位置时（在匝间波形显示框中振幅靠近上下边框，框格内有 3~6 个振荡周期，并且波形中靠近中心线的点最少时最为合适），按下停止按钮后，系统自动将当前的振频、振幅保存，如果是单相电机，还要保存主、副绕组的匝间波形。

④如果测试线上未连接电机绕组，则匝间波形呈有一定弧度的曲线，此时"绝对差值"与"面积差值"均显示为500。

⑤匝间测试方式设定：点击菜单栏中的"匝间判断设定"，弹出匝间判断方式设定窗口（见图5—42）。此窗口可以设置每次匝间测量时采集几次波形，得到几次

图5—42　"匝间判断方式设定"

不合格结果后，判定此次匝间测试为不合格。

⑥反向匝间测试：将高压施加到线圈的另一端再进行一次测试。波形与对应正向匝间试验的标准波形进行比较。

（5）电流平衡试验。在标准状态下，主要是通过调整平衡电压，将电流值达到比较合适的范围内，在自动状态下，此型号电机就不再调整电压，将三相电流进行平衡比较。

（6）旋向测试。在标准时一般用于调试，自动时用于测试判断，旋向电源同电流平衡。

（7）耐压试验。在标准时，测量的是设备本身（包括测试线）的泄漏。测试的数据将在"本底泄漏"中显示。测量时，应将测试线与电机断开，为了测试本底数据的准确性，将所有测试线连在一起悬空，与地线分开。在自动状态下测量的是去除本机泄漏后的泄漏电流。在自动状态下（接好电机）耐压试验只延时参数数据库中"耐压时间"所设定的时间即停止测试；而在标准状态下则一直测量，直到按下停止按钮为止。

2．在"提示"栏给出的内容

"提示"栏给出的内容将包括当前系统的工作状态、测试过程中错误提示与系统信息等，其中错误提示包括设备故障提示与测量错误提示。

八、试验结果数据报表的建立和使用

点击菜单栏中"数据统计（Y）"菜单项，即可进入数据报表界面（见图5—43）。在此界面中可以对保存的电机测量结果记录进行查询、打印、删除。单击"退出"即退出数据统计界面。

1．综合查询

按照所选择的多种方式对测量结果进行查询。此查询方式按出厂编号查找记录的方式不可以使用。

图 5—43　数据报表界面示例

　　首先输入欲查询记录的测量日期（注：此为必须输入的值）。为了便于用户快速地输入测量日期，程序中添加了一个快捷菜单：将鼠标指针指到"开始查询"按钮上，单击右键后，就会弹出快捷菜单。如果想要选择 1 年的记录，只要将鼠标指到相应的年后移开即可；如果想要选择某 1 个月的记录，则将鼠标单击相应的月。输入完日期后，输入相应的电机型号（注：此项可不输入，也可模糊查找，但字母区分大小写）。然后输入操作员姓名（注：此项可以不输入，也可模糊查找，但字母区分大小写）。

　　在综合查询中，也可按测试结果的状态进行查询（系统默认的是全部记录）。单击"合格记录"则只查询合格记录；单击"不合格记录"则只查询不合格记录；选择了不合格的项目，则只查询该项目的不合格记录；选择要查询的电机类型（默认为"全部型号"），此时查找到的有三相电机的型号也有单相电机的型号，也可以分别选择"三相电机"或"单相电机"。在输入完查询条件后，单击"开始查询"按钮，所查找到的记录就会显示到列表中。在输入打印位置"从"和"至"中输入打印起始记录和终止记录，也可双击某条记录选择起始和终止记录。

　　2．试验结果数据统计

　　试验结果数据统计的方式方法见表 5—16。

表5—16 **试验结果数据统计的方式方法**

输入方式	输入项目	操作方法及说明
日期	按日统计	单击后,在两个日期框中输入要统计的日期(注:前面的日期一定要早于后面的日期)
	按月统计	单击后,只在前面的输入框中输入年和月
	按年统计	单击后,只在前面的输入框中输入年
统计	所有型号	统计当前日期所有型号电机记录。此项选择时统计所有型号,如不选择则只统计"选择电机编码"选中的编码数据
	详细统计	如选中则对总数与各测试项目进行统计,如不选择则只对总数进行统计
	计算合格率	日期与统计方式选择完毕后单击后开始计算
	打印图表	打印统计数据报表。"预览报表":预览统计数据报表

第六单元　交流异步电动机整机试验

　　当电动机组装工作全部完成后，应 100% 地进行电气性能检查，其中包括测量绕组的直流电阻和绝缘电阻、绕组匝间耐冲击电压试验、耐工频交流电压试验、堵转电流和损耗的测定试验、空载损耗和电流的测定试验、旋转方向检查等，必要时，还应进行噪声和振动的测定试验、具有离心开关的单相电动机的离心开关断开转速测定试验等。

　　在第五单元中，已详细介绍了电动机部件检查与试验的方法及要求，本单元将要讲述的内容中，将有一大部分与其基本相同，这些内容将不再进行详细介绍。

　　有关试验方面的内容主要依据与第五单元相同，另外有一部分是生产企业的经验做法。

模块一　交流电机试验电量测量电路

一、电流测量电路

1. 单相测量电路

　　测量单相交流电流时，将电流表串联在电路中，当所用电流表的量程小于被测电流时，一般采用加电流互感器扩大量程的方法。其电路原理如图 6—1 所示。

　　所用电流表可为电动系、电磁系或整流系指针式交流电流表或交流数字表。

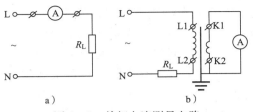

图 6—1 单相电流测量电路

a）直接测量 b）通过电流互感器测量

2．三相测量电路

直接测量三相交流电流的电路与单相相同，只是需要三块电流表而已。当需使用电流互感器时，线路则有些变化，并分为两互感器三表法和三互感器三表法两种接线方式，下面将详细介绍。

（1）两互感器三表法电流测量线路。两互感器三表法线路如图 6—2a 所示，其中 A1、A2、A3 三表显示值乘以互感器的倍数后，分别为 U、V、W 三相的线电流值。

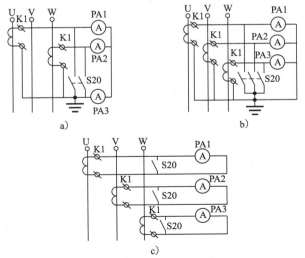

图 6—2 三相交流电流测量电路

a）三相两互感器三表法 b）三相三互感器三表法三相四线制

c）三相三互感器三表法三相六线制

（2）三互感器三表法电流测量线路。图 6—2b 和图 6—2c 分别为三互感器三表法三相四线制（三个电流互感器二次输出共为 4 条线）和三相六线制（三个电流互感器二次输出共为 6 条线）线路。图中开关 S20 是为防止电动机在满压起动时产生较大起动电流对电流表的损坏而设置的，常被称为"封表开关"或"封互感器二次开关"（简称"封表开关"）。

二、电压测量线路

单相和三相电压直接测量线路分别如图 6—3a、图 6—3b、图 6—3c 所示。单相和三相电压通过电压互感器连接的测量线路分别如图 6—3d 和图 6—3e 所示。

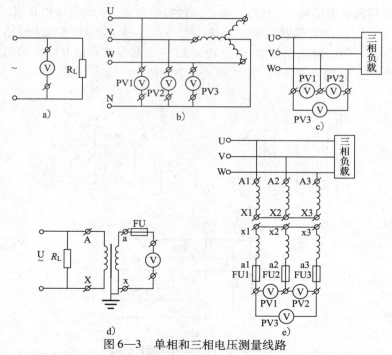

图 6—3　单相和三相电压测量线路

a）单相电压直接测量　b）三相相电压直接测量　c）三相线电压直接测量

d）单相电压通过电压互感器连接　e）三相电压通过电压互感器

在三相电压平衡的供电系统中，三相电压可通过一个三相电压转换开关接一块电压表来测量，需要时，通过转换开关的切换来观察每一相电压的具体情况。该转换开关有专用的产品，型号为 LW13 - 16/9.6911.2（用于三个相电压转换）和 LW13 - 16/9.6912.2（用于三个线电压转换）；也可选用 LW 型万能转换开关，图6—4是一种外形示例。

图6—4　LW 三相（线）电压转换开关

三、功率测量线路

对于电机试验，除非另有说明，所测的功率一律指有功功率。

1．单相测量线路

单相功率测量线路如图6—5所示。应注意功率表电流和电压带"＊"的接线端钮所接的位置，分电压前接法和后接法两种线路。电机试验较常采用电压后接法电路。

2．三相功率测量线路

（1）测量线路。三相功率测量线路有两种类型，即"两表法"和"三表法"，如图6—6所示。图6—6c 为"两表法"带电流互感器的线路，图6—6d 为"两表法"带电流和电压互感器的线路。各种接线方法都应注意功率表电流和电压带"＊"的接线端钮所接的位置。电动机试验较常采用电压后接法电路。

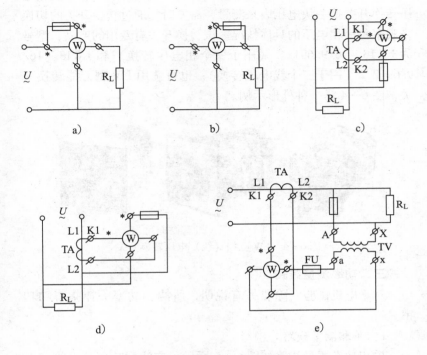

图 6—5　单相功率测量线路

a) 电压前接直接测量　b) 电压后接直接测量

c) 电压前接通过电流互感器间接测量　d) 电压后接通过电流互感器间接测量

e) 单相加电流互感器和电压互感器电压后接

（2）不同接线方法适用的负载线路和三相总功率的计算

1）"两表法"适用于各种接法和负载的三相电路，三相总功率为两个功率表测量值的代数和的绝对值（当三相负载的功率因数在 0.5 以下时，两表显示值为异号，即一正一负）。三相异步电动机试验一般使用此种接线方法。

2）"三表法"适用于三相四线制供电、三相负载星形连接的电路，三相总功率为三个功率表测量值的和。

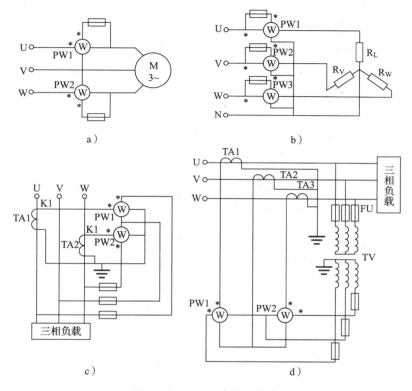

图6—6 三相功率测量线路

a)"两表法"（电压后接） b)"三表法"（电压前接）

c)"两表法"（电压后接）有电流互感器

d)"两表法"同时带电流和电压互感器

四、电动机三相电流、电压及功率综合测量线路

三相交流异步电动机试验一般由三相三线制供电系统供电。三相功率采用两表法测量；低压电动机只用电流互感器；高压电机则电压、电流互感器都用；每相接一块电流表；电压表为一块，通过三相转换开关观察各相的电压。为保护电流互感器和电流表、功率表，应在电流互感器二次输出端（有必要时，还在

电流互感器一次两端）加接短路开关（即封表开关）；电压应设置在电动机进线端测量，即采用电压后接法电路。

低压和高压电机试验三相电流、电压及功率综合测量线路分别如图 6—7a 和图 6—7b 所示。实际应用时，电流和电压互感器均为多比数的接线。

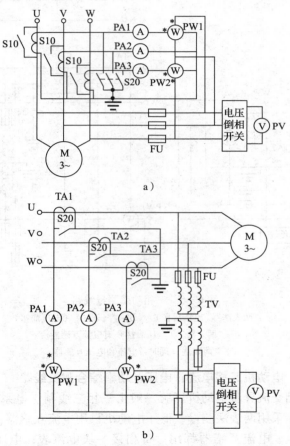

a）

b）

图 6—7 三相异步电动机试验三相电流、电压及功率综合测量线路
a）低压带电流互感器 b）高压带电流互感器和电压互感器

五、电动系交流功率表的使用方法

电动系交流功率表分单相和三相两大类，有有功功率表和无功功率表两种。电动机试验时主要使用有功功率表（本书一律指有功功率表）。

1．单相功率表

（1）分类。电动机试验用的单相功率表又分为普通型（功率因数为1）和低功率因数型（功率因数为0.2）两种。后者用于负载功率因数较低的场合（例如空载试验时）。

（2）接线方法。图6—8是一种常见的D26－W型单相功率表和无互感器（含电流和电压互感器）测量电路接线图。接线应注意如下事项。

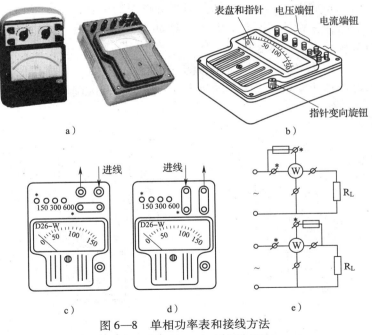

图6—8　单相功率表和接线方法

a）外形示例　b）D26－W部件名称

c）小电流挡接线　d）大电流挡接线　e）测量电路接线图

1）表中电流线圈是由两段组成的，各引出两个端点，可通过不同的连接方法得到两个量程，如图6—8b和图6—8c所示。

2）带"*"的电流端钮接电源端，另一端去接负载；带"*"的电压端钮有两种接线方向，一是与带"*"的电流端钮相接，称为"前接法"，另一种接在负载端，称为"后接法"，如图6—5b所示（电动机试验常用）。

（3）指针变向旋钮的用法。指针变向旋钮用于改变表针的摆动方向。即当测量中，该表的指针向零位的左边摆动时，将该旋钮旋到另一个位置（例如原来在"＋"的位置，现改到"－"的位置），则表针就会改向右摆动，指示出正确的数值。

2. 三相功率表

三相功率表实际上是两只单相功率表的组合，用于三相三线制电路的三相功率测量。测量接线如图6—9所示。其使用方法与单相功率表基本相同。

三相功率表可直接读出被测三相负载的总功率。所以比使用两块单相功率表测量三相功率方便一些。但其准确度比单相表低一到两级。

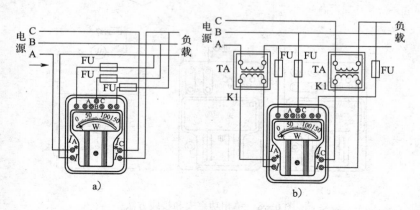

图6—9　D33－W型三相功率表的接线方法
a）无电流互感器　b）有两个电流互感器

3. 指针式功率表刻度盘每格瓦数（倍数）的计算方法

（1）有电流和电压互感器比数的计算公式。当功率表的电流通过电流互感器、电压通过电压互感器与被测电路相接，所用电流互感器和电压互感器的比数分别为 B_I 和 B_U；功率表选用的电流量程和电压量程分别为 I_e 和 U_e（单位分别为 A 和 V）；功率表的功率因数为 $\cos\varphi$；表盘标度总格数为 G。则该功率表刻度盘每格瓦数（习惯称为倍数）W_g 为：

$$W_g = \frac{I_e \cdot B_I \cdot U_e \cdot B_U \cos\varphi}{G} \qquad (6{-}1)$$

（2）无电压互感器时的计算公式。对普通低压电动机，电压不用配备互感器，即可认为电压互感器的比数 $B_U = 1$。此时式（6—1）将简化为：

$$W_g = \frac{I_e \cdot B_I \cdot U_e \cdot \cos\varphi}{G} \qquad (6{-}2)$$

（3）低压电动机实用的两个简记计算公式。常用低压电流互感器的一次电流为 I_{H1}（单位为 A），二次电流为 5 A，即 $B_I = I_{H1}/5$；功率表电流量程选为 5 A，即 $I_e = 5$ A；刻度盘总格数 $G = 150$。

1）当功率表的功率因数为 1 时，则通过式（6—2）计算简化可得：

$$W_g = I_{H1} \frac{U_e}{150} \qquad (6{-}3)$$

用文字表述则为：功率表刻度盘每格瓦数等于电流互感器一次电流乘以功率表选用电压量程为 150 倍数的数值。例如，当选用互感器的一次电流为 50 A，功率表电压选用 600 V 挡时，功率表刻度盘每格瓦数就等于 50 ×（600 ÷ 150）＝ 50 × 4 = 200（W/每格）。

2）当功率表的功率因数为 0.2 时，则通过式（6—2）计算简化可得：

$$W_g = I_{H1} \frac{U_e}{150} \times 0.2 \qquad (6—4)$$

用文字表述则为：功率表刻度盘每格瓦数等于电流互感器一次电流乘以功率表选用电压量程为 150 倍数的数值，再乘于表的功率因数 0.2。例如，当选用互感器的一次电流为 50 A，功率表电压选用 600 V 挡时，功率表刻度盘每格瓦数就等于 $50 \times$（$600 \div 150$）$\times 0.2 = 50 \times 4 \times 0.2 = 40$（W/每格）。

（4）无电压互感器时的功率表倍数简记表。同上述低压电动机实用的两个简记计算公式（6—3）和式（6—4）的条件，则当功率表的电压量程设置为 75 V、150 V、300 V、600 V 四挡时，可列出如下的功率表倍数（刻度盘每格 W 数）简记表 6—1。

表 6—1　　　无电压互感器，电流量程为 5 A 时的功率表倍数
（刻度盘每格 W 数）简记表

功率表的功率因数	功率表的电压量程/V			
	75	150	300	600
	功率表倍数（刻度盘每格 W 数）			
1	0.5 I_{H1}	1 I_{H1}	2 I_{H1}	4 I_{H1}
0.2	0.1 I_{H1}	0.2 I_{H1}	0.4 I_{H1}	0.8 I_{H1}

由表 6—1 可列出你所用的电流互感器各比数时的功率表倍数（刻度盘每格 W 数）简记表，以便试验时查找记录。当功率表的电流量程为 10 A 时，表中数据乘以 2；电流量程为 2.5 A 时，表中数据除以 2。

六、数字式电量仪表

随着电子工业的迅速发展，用于电动机试验测量的仪器仪表很快实现了数字化。图 6—10 和图 6—11 是一些单相和三相多功能数字仪表的外形示例。

图6—10 安装式（板式）数显仪表示例

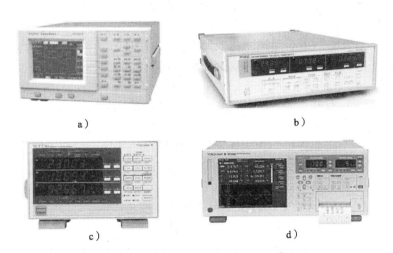

图6—11 便携式数显仪表示例

a) 8960C1型 b) PF 9833型 c) TW230型 d) TW 1800型

1. 数字仪表的优点

（1）准确度高，读数直观，数据可以保存和传递，与微机系统通信，实现数据采集、处理、计算全部自动化。

（2）可将电动机需要测量的很多电量用一块表集中显示，例如同时显示三相电压、电流和功率等，有些品种还具备测量电压和电流波形及谐波因数、电源频率、功率因数等多个参数的功能。有些仪表可具备测量变频电源供电的负载电流、电压和功率真有效值的功能。

（3）和指针式仪表相比，由于数字电量仪表具有很高的输入阻抗，使得其自身损耗很小，可以忽略，所以无需对其损耗误差进行修正。

2．数字仪表的不足

和指针式仪表相比，数字式仪表的不足之处主要表现在如下几个方面。

（1）不能连续地反映出数据的变化情况（一般是按一定时间间隔显示一段时间的平均值，间隔时间一般为 1 s 以内），所以不适宜测量大小迅速变化或周期摆动的数据，例如绕线转子的转子电流等；也不能观测数据连续变化的过程。

（2）抗电磁干扰性能较差。

（3）有些类型在测量低功率因数的功率时（例如空载功率），其准确度较差。

（4）需要提供单相交流电源，致使在一些场合使用不便。

（5）维修技术复杂，特别是进口产品维修周期较长。

（6）价格相对较高。

3．减小电磁干扰的措施和使用注意事项

（1）在接线等环节应特别注意防电磁干扰问题，例如使用屏蔽电缆线、和电源线路隔离，与电源线交叉时，要尽可能相互呈"十"字形等措施。利用光电耦合转换技术是比较有效的手段。

（2）使用时，应严格按其使用说明书要求的程序进行调整和控制，特别是所用电源的电压不可过高（例如误将 380 V 当作 220 V 电源使用）。

（3）应禁止超量程使用。

（4）严格防止受潮甚至进水。如不慎进水，应立即用热风吹干（温度应控制在 60℃ 以内）。

（5）长期不用时，应定期给其通电一段时间，以免受潮损坏某些部件。存放地点要干燥、通风。

模块二 电气安全性能试验

电气安全试验包括绝缘电阻、耐交流电压、匝间耐冲击电压等项试验。试验方法和考核标准与第五单元讲述的内容基本相同。

一、测量绕组的绝缘电阻

测量所用的仪表、测量方法及考核标准与第五单元模块二讲述的定子测量完全相同。三相电动机的试验接线可参看图6—12。

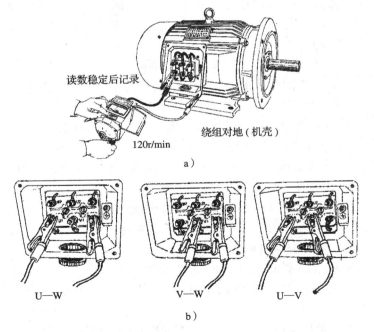

读数稳定后记录

绕组对地（机壳）

120r/min

a）

U—W   V—W   U—V

b）

图6—12 测量三相交流电动机绕组对地和相间的绝缘电阻

a）测量绕组与机壳之间的绝缘电阻

b）测量每两相之间的绝缘电阻

二、耐电压试验

与第五单元模块三讲述的定子耐电压试验相比，本项试验所用的仪器仪表与考核标准完全相同，试验电压和时间以及试验方法方面的规定有较小差异。下面主要介绍不同的内容。

对单相电动机试验时，电容电动机的电容器、离心开关必须与绕组连接同正常工作一样。

（1）试验加压时间分为 1 min 和 1 s 两种（有特殊要求者除外）。

（2）对于试验时间为 1 min 的方法，试验电压值 U_G（单位为 V）按式（6—5）确定，式中 U_N 为被试电动机的额定电压（单位为 V），对多种电压的电动机，应为最高电压值，但最低应为 1 500 V。

$$U_G = 2U_N + 1\ 000 \qquad\qquad (6\text{—}5)$$

（3）对于试验时间为 1 s 的试验方法，用于大批量连续生产的电动机，特别是采用微机控制的自动测试流水线，但试验电压要高于 1 min 方法规定值的 20%。例如，对额定电压为 380 V 的电动机，应为 1.2 ×（2 × 380 V + 1 000 V）= 1.2 × 1 760 V = 2 112 V；对于额定电压为 220 V 的电动机，应为 = 1.2 × 1 500 V = 1 800 V。

对需进行第 2 次试验和经过部分更换绕组电动机的试验电压规定同第五单元模块三第二部分的第 5 和第 6 条。

三、匝间耐冲击电压试验

匝间耐冲击电压试验的试验方法和对结果（显示波形）的判定与第五单元模块四讲述的对定子绕组的试验完全相同。

有一种情况应注意，若被试电动机同一个规格大部分或全部存在曲线略有差异（曲线无抖动）的现象，则可能是以下原因引起的。

（1）定、转子之间的气隙不均；

（2）转子导条存在断条或严重的细条、端环内有较大的气孔、转子铁芯"马蹄"现象较严重等。此时若在试验当中缓慢转动转子，曲线的形状和位置将随之发生变化。

此时拆出转子后再进行试验，若曲线变为正常状态，则说明定子没有问题，应进一步查找转子和装配方面的原因。

若怀疑是转子质量造成的，还可更换另一个转子进行对比试验来确定。

四、对埋置的热传感元件及防潮加热器的检查

对埋置在绕组和其体发热元件（例如轴承）之中的热传感元件以及空间加热器，应测量其电阻值或通断情况、测量其绝缘电阻和进行耐交流电压试验。试验方法、有关规定和考核标准与第五单元模块七讲述的规定完全相同。可参看图 6—13 和图 6—14。

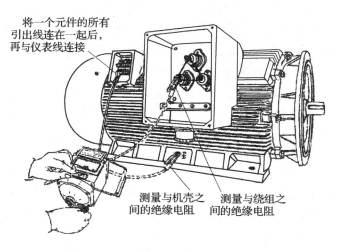

图6—13　测量热传感元件对机壳、绕组的绝缘电阻

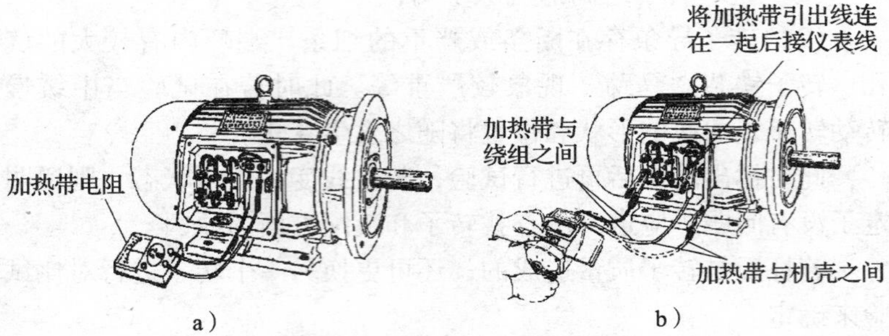

将加热带引出线连
在一起后接仪表线

加热带与
绕组之间

加热带电阻

加热带与机壳之间

a)   b)

图6—14　测量防潮加热带在常温下的直流电阻和绝缘电阻

a) 测量直流电阻　b) 测量对地以及对绕组的绝缘电阻

模块三　堵转电流和损耗的测定试验

异步电动机在出厂试验时，需进行堵转试验，即堵住电动机的转子使其不能转动，加一定数值额定频率的电压，测取定子电流和输入功率，并和标准值（合格样机的型式试验值）相比较，判断该项数据是否正常。

如无专门规定，试验应在电动机处于实际冷状态下进行。

一、堵转的方法

对于几十千瓦以下较小容量的电动机，可采用图6—15a和图6—15b所示的自制夹具或卡具堵住转子轴伸，金属卡具的内套应采用铜或尼龙等材料，以避免损伤电动机的轴伸表面和键槽；对于容量较大的电动机，除可采用图6—15b所示的工装外，也可用图6—15c所示的方法将转子"支"住，所用木板应选用较硬的木材。此时应注意：在安放支撑木板之前，应先给电动机加较低的电压，观察其转动方向，以便正确选择放置支撑木板的位置。通电后，要关注所用工具的强度是否足够，发现有危险时应尽快断电。所有人员都应远离被卡住的轴伸位置。

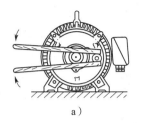 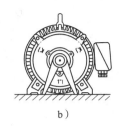 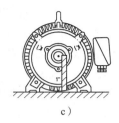

a）   b）   c）

图 6—15　出厂试验时将电动机堵转的措施

a）用专用夹板夹住轴伸　b）用专用卡具卡住轴伸　c）用硬木板支撑轴伸

当使用微机控制的自动测试流水线进行试验时，一般不用将转子堵住。此时"堵转电流"和"堵转输入功率"的测量值实际上是通电后电动机还处于刚刚要转动时的数值。数据采样时刻距通电瞬间所间隔的时间一般设置在几十毫秒之内（具体时间长度应通过实际测量值与实际堵转时所测数值相比较后得出。一般选用堵转电流值来比较）。

绕线转子电动机进行本项试验时，应将转子三相引出线短路。

二、试验电路和主要设备的选择

图 6—16 是用三相感应调压器提供可调电压电源的堵转试验电路原理图。其中调压器 T（也可以是其他形式的调压电源设备，例如电子调压装置）的输出电压应在被试电动机额定电压的 1/4 左右（±20%）可连续调节，额定输出电流应不低于最大被试电动机额定电流的 1.2 倍；测量输入功率的仪表应适应低功率因数。电流测量一般需要通过电流互感器。

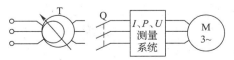

图 6—16　三相异步电动机堵转试验电路原理图

三、堵转电压值的确定方法

在出厂检查试验时，所加电压一般是使定子电流等于或接近其额定值时的电压。不同规格的电动机这一电压是不同的，但基本为额定电压值的（1/5）～（1/4）。为了试验操作的方便，对一种额定电压的电动机，可规定一个统一的电压值，例如额定电压为 380 V 的电动机，规定为 100 V，此时实测电流可能离额定值较远；也可根据与被试电动机同规格电动机型式试验得出的额定电流时的实际电压值，折算到个位是零的整数电压值，例如70 V、80 V、90 V、100 V、110 V 等，这样实测电流将会很接近其额定值。

四、需测取的试验数据和对试验结果的判定

1. 试验过程和测取数据

试验时，应尽可能地将电压调整到标准给定的数值，然后测取三相线电流 I_{Kt1}、I_{Kt2}、I_{Kt3} 和三相输入功率 P_{Kt}，同时记录三相线电压值 U_{Kt1}、U_{Kt2}、U_{Kt3}（能够确定三相线电压平衡时，可只测量一个线电压值）。

2. 整理试验数据

用下述公式将试验测得值进行整理和修正。

（1）求取三相线电压、三相线电流的平均值 U_{Kt}（V）、I_{Kt}（A）。

$$U_{Kt} = (U_{Kt1} + U_{Kt2} + U_{Kt3}) / 3 \qquad (6\text{—}6)$$

$$I_{Kt} = (I_{Kt1} + I_{Kt2} + I_{Kt3}) / 3 \qquad (6\text{—}7)$$

（2）求取堵转电流的不平衡度 ΔI_{Kt}（%）。

$$+\Delta I_{Kt} = \frac{I_{Ktmax} - I_{Kt}}{I_{Kt}} \times 100\% \ \text{或} \ -\Delta I_{Kt} = \frac{I_{Ktmin} - I_{Kt}}{I_{Kt}} \times 100\%$$

$$(6\text{—}8)$$

式中 I_{Ktmax}、I_{Ktmin}——分别为三相堵转线电流实测值中的最大值和最小值。

（3）当试验电压不等于标准给定值时，应将试验电流和输

入功率修正到标准给定电压时的数值 I_K 和 P_K。

$$I_K = I_{Kt} \frac{U_{KN}}{U_{Kt}} \tag{6—9}$$

$$P_K = P_{Kt} \left(\frac{U_{KN}}{U_{Kt}}\right)^2 \tag{6—10}$$

式中 U_{KN}——试验标准给出的堵转电压。

3. 判断试验结果是否符合要求

（1）在国家和行业标准中，没有规定堵转电流的三相不平衡度的最大限值。具体数值由生产单位自定，一般定为不超过 ±3%。

（2）将上述求得的堵转电流及堵转输入功率值与标准进行比较，判断是否符合要求并给出结论。

模块四　空载电流和损耗的测定试验

异步电动机在出厂试验时，需进行空载试验。试验时，给定子加额定频率的额定电压，测取定子电流和输入功率，并和标准值相比较，判断该项数据是否正常。另外，还可通过人工感觉的方式对电动机的噪声、振动及轴承运转情况进行粗略检查。

空载试验电路如图6—17所示。可以看出此时所用设备与堵转试验基本相同，只是所用可调电压的电源设备的输出额定电压应不低于被试电动机的额定电压。另外，应设置电流互感器一次和二次（与电流表相连接的一端）三相短路开关（图6—17中 S10 和 S20。称为"封表"开关或"封互感器"开关），该开关在电动机通电前应处于闭合状态，通电一定时间后打开，其作用是防止较大起动电流对电流互感器和电流表的冲击。功率测量仪表必须使用适应功率因数低于0.2的低功率因数表（绝大部分异步电动机在空载时的功率因数低于0.1）。

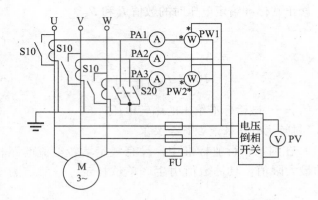

图 6—17 三相异步电动机空载试验电路原理图

一、试验方法

试验时，电动机定子加额定频率的额定电压空载运行。无提刷装置的绕线转子电动机试验时，应事先将转子三相引出线短路。

当被试电动机容量大于试验电源设备容量的 1/2 时，应使用降压起动的方式。

通电前，应闭合电流互感器的短路开关，起动完成后再将其断开。

为使试验数据相对准确，在通电后应运转适当的时间，使其机械损耗（主要是轴承的摩擦损耗）相对稳定后，再测取三个线电流 I_{01}、I_{02}、I_{03} 和三相输入功率 P_0，同时记录三个线电压值 U_{01}、U_{02}、U_{03}（能够确定三相电压平衡时，可只测量一个线电压值）。

试验过程中，应同时检查电动机的噪声和振动情况。

二、对试验结果的判定

1. 空载电流三相不平衡度的考核

用与堵转试验相同的方法计算空载电流的三相不平衡度。国家和行业标准中规定：在三相电压平衡时，不超过 ±10% 为合格。

执行上述标准时应注意"三相电压平衡"这一条件。因为少量的电压不平衡将会带来较大的空载电流不平衡。国家标准 GB/T 22713—2008《不平衡电压对三相笼型感应电动机性能的影响》（等同采用国际标准 IEC 60034—26：2006）提出：在正常运行转速下，当三相电压不平衡时，空载电流将严重不平衡，为电压不平衡量的 6～10 倍。

2. 空载电流和损耗大小的考核

空载电流和损耗的大小应在标准（合格样机的型式试验值）允许的范围以内。

当试验时的空载电压不等于额定电压时，需要对测得的空载电流和输入功率进行修正。实践证明，在额定电压附近（±5%以内），空载电流至少与电压的 3 次方成正比，而空载输入功率则与电压的 2 次方成正比。

用 I_{0t} 代表实测三相空载线电流平均值、P_{0t} 代表实测三相输入功率、U_{0t} 代表实测三个线电压平均值，则修正到额定电压 U_N 时空载电流和输入功率 I_0 和 P_0 分别为：

$$I_0 = I_{0t} \left(\frac{U_N}{U_{0t}} \right)^3 \qquad (6—11)$$

$$P_0 = P_{0t} \left(\frac{U_N}{U_{0t}} \right)^2 \qquad (6—12)$$

模块五　单相电机离心开关断开转速的测定

一、离心开关的种类和工作原理

单值电容起动和双值电容单相电动机的起动回路需要串接一个起动开关元件，该元件一般使用离心开关（现已开始使用电子开关）。现用的离心开关有多种，图6—18 是其中一种。使用时，带离心元件的部分安装在转轴上，固定部分安装在端盖上。

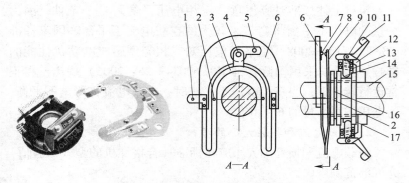

图 6—18　离心开关结构示例（断开状态）

1—动触点引接线；2—顶压点；3、9—U 形弹簧触点臂；4—触点；
5—定触点引接点；6—固定在电动机端盖上的绝缘底板；7—定触点；
8—动触点；10—活销；11—离心臂重锤；12—固定在轴上的支架；
13—张力弹簧；14—拨杆；15—电动机转子轴；16—绝缘套；17—滑槽

工作原理如下。

定触点 7 和动触点 8 在动作转速以下时，由于张力弹簧 13
的作用，是闭合的。当转子的转速达到设定的数值时，离心臂
重锤 11 所产生的离心力带动拨杆 14 克服张力弹簧 13 的张
力，向右（图中方向）拨动绝缘套 16，此时动触点 8 在 U 形
弹簧触点臂 9 的作用下离开定触点 7。实现离心开关打开的
动作。

二、断开转速测定方法

在电动机装配后测定离心开关断开转速，一般采用拖动测速
法。

如图 6—19 所示，断开离心开关与电动机主、辅绕组的连
接，用一个 220 V 的白炽灯作为指示灯与离心开关串联或在离心
开关两端并联一个量程大于 220 V 的交流电压表。

接通指示灯和离心开关线路电源（交流 220 V），指示灯点
亮，电压表无指示或显示很小的电压值。

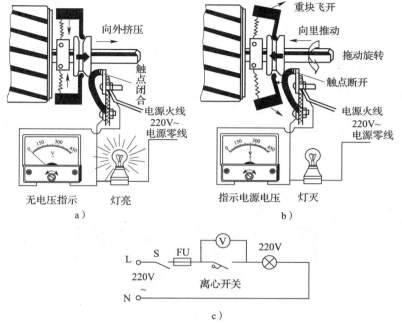

图 6—19　用拖动法测定离心开关断开转速的试验线路

a）离心开关闭合时　b）离心开关断开时　c）试验接线电路原理

用可调速（直流电动机、交流变频电动机或 YCT 型电磁调速电动机等）的电动机拖动被试电动机运转。采用指针式转速表测量电动机的转速。

缓慢地调节拖动电动机的转速，由低速逐渐升高。注意观察点亮的指示灯、电压表和转速表，当指示灯突然熄灭或电压表很快指示出电源电压时，此瞬间的转速即为离心开关的断开转速。

一般规定断开转速在被试电动机额定转速的 75% ~ 85% 范围内为合格。

三、电子式离心开关的使用方法

1．简介

电子式离心开关（简称 ECS）是应用半导体技术设计的新

型固体开关，图6—20给出了一种型号为RNS的产品的外形和内部电路板。从样品图中可以看出，它与"离心"两个字没有任何联系，之所以称为"离心开关"，只是为了便于让使用者很快"联想"到它的作用而已。而它的另一个名称"单相电机电子启动器"更符合其结构和工作原理。

这种电子开关是通过采样电动机的电流、电压、相位等参数来判定电动机的启动转速，如果动电机转速达到额定转速的72%～83%，就断开启动电容，以达到使电动机启动运转的目的。图6—21是其电路原理框图。

图6—20　RNS型电子式离心开关的外形和内部电路板

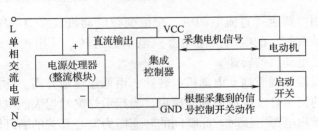

图6—21　RNS型电子式离心开关的原理框图

和机械式离心开关相比，这种开关有诸多的优点和特点，例如：只要电流规格匹配，一个电子开关可通用于所有不同极数、不同电源频率的单相电动机；无触点、无火花、无噪声、防爆、防水、防油污，对环境适应性极强；不用占用电动机的轴向位置

（一般将其放置在接线盒内），可缩短电动机的轴向长度，从而降低了转轴（全部电动机）和机壳（对于将机械离心开关安装在机壳内部的电动机）的长度，使电动机用料减少、质量降低，成本降低（含运输成本）；安装方便（原则上可安装在任意位置，但一般将其放置在接线盒内），不用机械调试，也不需要担心因调整不合适而影响使用性能；能耗低，节约用电容量，提高整机效率。近年来，由于电子式离心开关所具有的诸多优点，大有取代传统机械式离心开关的趋势。

2．使用方法

以 220 V、50 Hz 双值单速电容电动机为例，介绍 RNS 型电子离心开关的使用方法。

（1）按配置电动机的启动电容电路电流（注意：不是电动机的总启动电流。将电动机转子堵住，使其静止转，用钳形电流表钳住启动电容电路中的一段导线进行测量）大小，选择规格合适的电子启动开关。一般原则是，开关的标称电流不小于电动机启动电容电路电流的 1.414 倍（即正弦交流电最大值为有效值的倍数$\sqrt{2}$的近似值）。

（2）按图 6—22 将电子式离心开关与电动机的绕组和电容器相连接，图中黑、蓝、白、红是电子开关引出线的颜色。

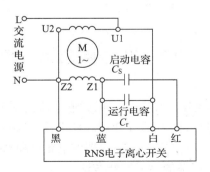

图 6—22　RNS 型电子离心开关与双值电容电动机连接图

（3）给电动机接通正常电压和频率的交流电空载启动并运转，5 s 后该开关的集成控制器就会完成对电动机相关数据的采集和自身控制参数的设定工作（在此过程中，可能会出现电动机振动较大的现象，这是控制器在采集设定断开转速过程中产生的正常现象，此时不要关断电源）。该电动机再次启动时，则会按设定的转速控制启动电容电路中开关（实际是设置在该装置内的无触点电子开关）的断开。除非另行设定，该设置将永远被保持。

3. 恢复出厂设置的方法

当某一个电子启动开关从一台使用过的电动机上拆下并准备在其他电动机上使用时，需要对该开关恢复出厂设置后方可使用。

恢复出厂设置的方法如下：

将电子开关的黑色和蓝色引出线连接在一起后接单相交流电的相线 L 端；开关的白色引接线接单相交流电的中性线 N 端。如图 6—23 所示。

接通电源，使其电压等于或接近额定值，超过 5 s 后，断开电源。则该电子开关就恢复了出厂设置，可用于其他电动机（但要注意电流规格相匹配）。

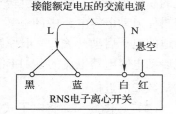

图 6—23　对使用过的 RNS 型电子开关恢复出厂设置

模块六　电容器的故障判断和容量测定

现已有很多数字万用表和多用钳形电流表附带直接测量较小电容器电容量的功能，可直接使用。在不具备这些功能的电表时，可用下面介绍的一些方法测量电容器的电容量和判断常见故障。

一、电容器好坏的简易判断方法

在检查已使用过的电容器时，应先用导线（或其他金属）

将其两极相连放电，以免因其内部储存的电荷对试验人员产生电击损伤。

1. 用万用表检查电容器的好坏

当怀疑一个电容器是否损坏或质量有问题时，可用指针式万用表来粗略判定。参见图6—24。

将万用表设置在电阻栏的×1 kΩ（或×100 Ω）挡。用两只表笔分别接触被测电容器的两个电极。观看表针的反应，并按反应情况确定电容器的质量状态。

（1）表针很快摆到零位（0 Ω处）或接近零位，然后慢慢地往回走（向∞ Ω 一侧），走

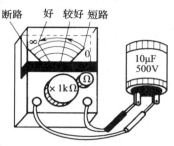

图6—24　用指针式万用表判断电容器的好坏

到某处后停下来。说明该电容器是基本完好的，返回停留位置越接近∞ Ω点，其质量越好，离得较远说明漏电较多（最好不用）。

这是因为，万用表测量电阻的原理实际上是给被测导体加一个固定数值的直流电压（由表内安装的电池提供），此时将有一个与之相对应的电流，利用欧姆定律的关系将此电流转换成电阻数值刻度在表盘上。例如电压为9 V 时电流为 0.03 A，则导体的电阻为9 V/0.03 A = 300 Ω，在表盘上的0.03 A 位置刻度为300 Ω 即可以了。

对于一个好的电容器，在其两端刚刚加上一个直流电压时，开始充电，电流将瞬时达到最大值，对电阻而言就是接近于0 Ω，随着充电过程的进行，电流也将逐渐减小，从理论上来讲，电容器的两个极板之间应该是完全绝缘的，所以上述充电过程的最终结果应该是电流到零为止，反映到电阻上，最后应该返回到∞ Ω点处（即电流等于零的位置）。但实际上所有的电容器极板之间都不是完全绝缘的，所以在外加电压下都会有一个较小的电流，被称为电容器的"漏电电流"，这就是表针不能完全

返回到∞ Ω点的原因。万用表表针返回的多少则说明漏电电流的大小，返回多则漏电电流小，返回少则漏电电流大。漏电电流不可太大，否则将造成电路的一些不正常现象，严重时将不能正常工作。漏电电流较大时，电容器将比正常时热得多。

（2）表针很快摆到零位（0 Ω处）或接近零位之后就不动了，说明该电容器的两极板之间已发生了短路故障，该电容器不可再用。

（3）表笔与电容器的两个电极开始接通时，表针根本就不动，说明该电容器的内部连线已断开（一般发生在电极与极板之间的连接处），自然不可再使用。

2. 用充、放电法判断电容器的好坏

在手头没有万用表时，可用充放电的方法粗略地检查电容器的好坏。所用的电源一般为直流电（特别是电解电容等有极性的电容器，一定要使用直流电源），电压不应超过被检电容器的耐电压值（在电容器上标注着），常用3~6 V的干电池电源。对于工作时接在交流电路中的电容器，也可使用交流电，但电压较高时应注意安全。

电容器两端接通直流电源后，等待少许时间就将电源断开。然后，用一段导线，一端与电容器的一个极相接，另一端点接电容器的另一个电极，同时观看电极与导线之间是否有放电火花。

有放电火花者，说明是好的，并且火花较大的电容量也较大（对于同一规格的电容器，使用同一电源充电时而言）；没有放电火花者，说明是坏的，如图6—25所示。

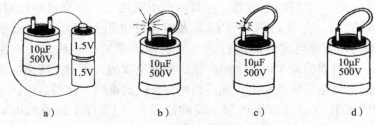

图6—25 用充、放电法判断电容器的好坏

a）充电 b）火花大 c）火花很弱 d）不放电

二、用电压和电流表测定电容器的容量

将被测电容器接在一个电压不大于其标定电压的交流电源上（一般用 50 Hz、220 V 单相交流电）。并设置测量线路电流和电容两端电压的电流表（为了方便，可使用钳形电流表）和电压表（应采用内阻较大的电压表），组成测量线路如图 6—26 所示。为使电流表获得足够大的读数，可串联一个适当的可调电感 L。在没有专用的可调电感时，可使用自耦调压器的二次侧线圈代替。

给测试电路加电。调节电感量 L，使电流达到一个适当的数值（电容器微微发热）。用电压表测量电容两个极之间的电压。记录电流表和电压表的指示值 I（A）和 U（V），则被测电容器的电容量 C_x（μF）为：

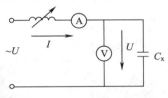

图 6—26　用电压和电流表测定电容器容量的测试电路

$$C_x = \frac{1}{2\pi f} \cdot \frac{I}{U} \times 10^6 \qquad (6—13)$$

式中　f——电源频率，Hz。

例如测量值为 $I = 0.6$ A，$U = 220$ V，$f = 50$ Hz。则

$$C_x = \frac{1}{2\pi f} \cdot \frac{I}{U} \times 10^6 = \frac{1}{2 \times 3.14 \times 50} \times \frac{0.6}{220} \times 10^6 = 8.6 \text{（μF）}$$

当使用电源频率 $f = 50$ Hz 时，式（6—13）可简化并近似为

$$C_x = 3.183 \times 10^3 \frac{I}{U} \qquad (6—14)$$

模块七　微机控制自动试验系统使用方法

目前，很多生产企业使用微机控制的自动试验系统进行出厂试验。该类试验系统虽然有很多品种，但其结构组成和

功能大体相同，其中与定子试验相同的项目（包括直流电阻、绝缘电阻、匝间耐冲击电压、耐交流电压等试验项目）及试验数据统计和查询等与第五单元模块八所讲述的内容完全相同。现以一种如图6—27所示的TMT系列为例，介绍其主要功能和使用方法（与定子试验相同的项目简单介绍或不做介绍）。

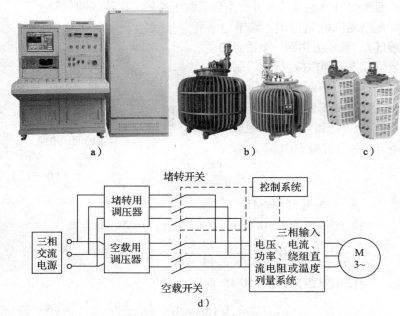

图6—27　微机控制交流异步电动机成品自动试验系统示例

a）控制和测试台与配电柜　b）三相感应调压器

c）三相接触式自耦调压器　d）双电源调压设备电路

一、系统组成

该试验系统由下述三大部分组成。

（1）一个控制及测试台。包括人工控制调试装置、微机控制和数据采集处理系统、测量仪表和相关仪器设备等。10 kW以下的测试系统，还可包括配电元件。

（2）配电柜若干面。配置数量与被试电机的容量及每批试验台数有关，容量越大、每批试验电动机越多（试验工位多），则数量越多。

（3）可调压电源设备。可设置一台输出电压能满足被试电机额定电压和一台输出电压能满足被试电动机 1/4 额定电压的三相感应调压器或接触式自耦调压器（用于几千瓦以下的较小容量电动机），电路如图 6—27 所示也可使用一台可同时输出被试电动机额定电压和 1/4 额定电压的多抽头三相变压器。目前有些单位使用试验专用的变频电源设备，既可调压，也可调频。

二、适用范围、测试项目和使用参数

1. 适用范围

额定电压 30 ~ 690 V、额定电流 0.5 ~ 100 A、额定频率 50 Hz 和 60 Hz，单相和三相异步电动机及变频调速电动机的出厂检查检验。

2. 测试项目

直流电阻、绝缘电阻、匝间绝缘、工频耐压试验、堵转试验、空载试验、单相电动机离心开关断开转速等。

3. 使用参数

对绕组直流电阻和绝缘电阻的测量、温度测量、匝间耐冲击电压试验和工频耐电压试验等与第五单元模块八介绍的定子检测试验系统相同。

所用设备及仪器仪表的要求与第五单元模块八中表 5—8 列出的规定相同。

对堵转试验和空载试验，需要增加电流和输入功率的测量，电压测量的范围也有较大提高。测量范围的具体数值要按被试产品的要求而定；仪表的准确度等级应不低于 1 级（一般使用 0.5 级）。

三、设备面板及布局介绍

1. 工控机版面

工控机（710 机箱）的前后版面元件设置与定子试验系统所用的完全相同，见第五单元模块八中图 5—26 和图 5—27。

2. 控制按钮与指示灯面板

除下述与堵转试验和空载试验有关的按钮、转换开关、指示灯之外的部分，同第五单元模块八中定子测试系统（安装位置会有所不同）。见表 6—2。

表 6—2　　堵转和空载试验控制开关、按钮与指示灯

名称	功能和说明
堵转转换开关	4 挡转换，通过转换，观察堵转电压表所显示的三相线电压中的一相数值，分别为 U_{AB}、U_{BC}、U_{CA}。0 挡为切断电压表与被测电路（指示为 0 V）
短路电压	显示堵转试验电源的输出端电压
空载电压	显示空载试验电源的输出端电压
空载转换开关	结构和用途同"堵转转换"开关
运行 1~5 指示灯	绿色，指示各测试工位的工作状态，当某工位的运行指示灯亮起时，表示此工位正在进行通电测试
灯光报警闪光蜂鸣器	红色，根据测试的结果给予相应的提示，测试合格则短鸣一声，测试不合格则一直鸣叫并闪烁直到按下停止按钮为止
急停 1~5 按钮	红色，紧急停止，各测试工位的紧急停止按钮，按下此按钮则该工位断电（工位继电器不吸合）。此按钮按下后，需顺时针旋转方可打开（有时数据采集有误可先检查此按钮是否按下）

名称	功能和说明
过流复位按钮	红色，在多工位测试设备中，如果被试产品绝缘击穿，则所有继电器停止工作，在测试界面中会给出相应提示并等待按下此按钮以便确认。此按钮按下后才会进行下面项目的测试

四、系统接线

1. 电源接线

该测试系统需要三个相对独立的电源。

（1）220 V 单相交流电源（带地线），为供测试机柜提供电源，由外接带头电源线引入机柜，C32 空开控制。

（2）100 V 三相交流电源，供三相异步电动机堵转测试用。由接线端子 004、005、006 引入，004 接堵转调压器输出接线柱 a 相，005 接堵转调压器输出接线柱 b 相，006 接堵转调压器输出接线柱 c 相。

（3）380 V 可调三相交流电源，供三相异步电动机空载测试用。由接线端子 001、002、003 引入，001 接堵转调压器输出接线柱 a 相，002 接堵转调压器输出接线柱 b 相，003 接堵转调压器输出接线柱 c 相。

2. 调压器控制接线

端子 0 U，0 V，0 W 连接一个三相电源，用来给堵转与空载调压器上调压电机提供电源。

五、参数设置

开机、进入参数测试界面、权限设置和进入等同第五单元模块八中相应部分。输入权限之后的测试界面如图 6—28 所示。

参数设置的界面如图 6—29 所示。与第五单元模块八中相应部分相比，多出了堵转试验和空载试验两部分。相关内容见表 6—3。图 6—30 是一种规格输入后的参数示例。

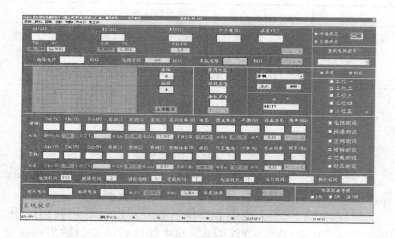

图 6—28　测试界面

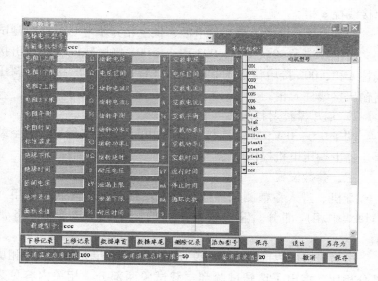

图 6—29　参数设置界面

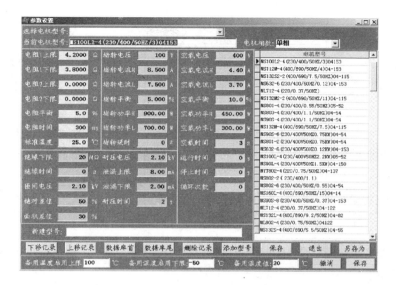

图6—30　填入数据的试验参数界面示例

表6—3　　　　　　　　堵转试验和空载试验参数

参数名称	内容和说明
堵转电压	堵转测试的标准电压值。用于堵转电流和功率的修正。单位为V。默认值为100
空载电压	空载测试的标准电压值。用于空载电流和功率的修正。单位为V。默认值为380
堵转电流 H	堵转电流上限值，单位为A。注：电流的上限值决定电量测量单元的选挡，如果选挡有误，可能引起超量程或测量数值不准确
堵转电流 L	堵转电流下限值，单位为A
堵转平衡	堵转测量的三相电流的不平衡度上限（绝对值）。默认为5%
堵转功率 H	堵转损耗上限值，单位为W
堵转功率 L	堵转损耗下限值，单位为W

参数名称	内容和说明
堵转延时	电机堵转测量数据采集完毕后,需要在堵转电压下空转一段时间后再切换到空运转状态,以防止电机跳动。单位为 s。默认值为 0
空载电流 H	空载电流上限值,单位为 A。(注:电流的上限值决定电量测量单元的选挡,如果选挡有误,可能引起超量程或测量数值不准确)
空载电流 L	空载电流下限值,单位为 A
空载平衡	空载三相电流的不平衡度上限(绝对值)。默值为 10%
空载功率 H	空载损耗上限值,单位为 W
空载功率 L	空载损耗下限值,单位为 W
空载时间	空载测量的持续时间。单位为 s。默认值为 5
运行时间	此项参数只有在单相电机作离心开关测试时用。为每次电机空运转的时间
停止时间	此项参数只在单相电机作离心开关测试时用。为每次电机空运转后停止的时间。单位为 s
运行次数	此项参数只在单相电机作离心开关测试时用。每次电机空运转并停止一段时间的循环次数

六、试验流程

1. 试验前的准备工作

通电试验前,应进行的准备工作,包括连接被试电机电源线路、送电和起动计算机及相关仪器仪表等设备、进入测试界面后输入被试电机工位号、型号及编号等工作，与第五单元模块八中介绍的相应操作方法和注意事项完全相同。

2. 试验流程

按下被试电机电源起动按钮后，系统将按设定的程序，按如下顺序进行试验测试（对于每一项试验，如果测试合格，则进行本工位的下一项测试；否则，将退出本工位的本次测试，即停止还没有进行的试验项目）。

电阻测试→绝缘电阻测试→匝间测试→堵转测试→所有堵转测试完成后，电机在空运转模式运行，此时调整空载调压器输出电压到被试电机的额定电压（注：对额定功率大于1/3试验电源设备额定容量的被试电机，应采用降压起动方式。为此，在测试前应将空载调压器输出电压调低，降低的幅度视被试电机额定功率的大小而定）并在所有工位电机运转稳定后，按下起动按钮（发送给工控机二次起动信号）→空载测试→如果本工位空载测试合格，则本工位进入空运转模式（防止电机停止后对测试电源造成压降影响测量准确性），否则退出本工位的本次测试→耐压测试。如果击穿（只限手动调压设备），则系统会给出提示，在按下"复位"按钮后进行下一工位的耐压测试。

在"自动"状态下，堵转试验只采集一次数据则停止测试；在"标准"状态下则一直测量，直到按下停止按钮为止。

在"自动"状态下，空载试验只延时到参数数据库中"空载时间"所设定的时间就停止测试，而在"标准"状态下则一直测量，直到按下停止按钮为止。

如果测试过程中有不合格项目，则会报警，直到"停止"按钮按下；如果合格，则会有一声提示音。

测试完成后，需要按下"停止"按钮，方可继续操作。

图6—31为一台电机测试过程的测试界面示例。

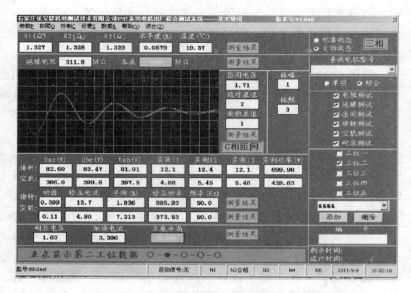

图 6—31　显示测试数据和结果的测试界面

第七单元 电机出厂试验中的常见故障现象及原因分析

当出厂试验数据超出标准允许的范围和有其他异常时，应对其进行分析，找出产生的原因并设法加以解决后，方可出厂。

以下给出的内容中，有些故障在组装前对绕组的电气检查中应该发现，并进行有针对性的处理后，不应在整机组装后发生。例如因匝数有误、接错线等造成的直流电阻、三相电流的偏差（含大小和三相不平度）和匝间绝缘曲线的不重合等；有些是试验设备或电源故障造成的。给出这些看似与电机无关的内容，目的是帮助试验人员查找故障原因，以便尽快地处理和解决问题，以保证顺利生产。

模块一 三相异步电动机出厂试验中异常现象的原因分析

三相异步电动机出厂试验中异常现象的原因分析见表7—1。

表7—1 三相异步电动机出厂试验中异常现象的原因分析

序号	现象	原因分析
1	通电后不起动，也无任何声响	（1）配电设备中有两相或三相全部电路未接通。问题一般发生在熔断器、开关触点或电磁接触器的励磁线圈上。测量电机接线端的电压，找出未接通电源的相，然后"顺藤摸瓜"，找到故障点

序号	现象	原因分析
1	通电后不起动，也无任何声响	（2）电机内有两相或三相全部电路未接通。问题一般发生在接线部位。测量电机接线端的电阻，不通者有断路故障
2	通电后不起动或缓慢转动并发出"嗡嗡"的异常声响	（1）配电设备中有一相电路未接通或接触不实。问题一般发生在熔断器、开关触点或导线连接点处。例如熔断器的熔丝熔断、接触器或断路器三相触点接触压力不均衡、导线连接点松动或氧化等。测量电机接线端的电压，无电压者为电源未接通的相，电压低者为有接触不良故障的相，然后"顺藤摸瓜"，找到故障点 （2）电机内有一相电路未接通。问题一般发生在接线部位。如连接片未压紧（螺钉松动）、引出线与接线柱之间垫有绝缘套管等绝缘物质、电机内部接线漏接或接点松动、一相绕组有断路故障等。目测或测量电机接线端的电阻，查找故障点 （3）绕组内有严重的匝间、相间或对地短路。匝间短路故障用匝间试验仪查找，或测量电机接线端的电阻，电阻小的可能有严重的匝间短路故障；测量绝缘电阻可找到相间短路对地短路故障 （4）有一相绕组的头尾交叉接反或绕组内部有接反的线圈。用匝间试验仪查找，此时曲线将严重不重合，但不抖动；三相电流严重不平衡；若测量电阻，三相阻值的大小和平衡情况会正常 （5）定、转子严重相擦（俗称"扫膛"）。此时会发出异常噪声，拆机检查可看到明显的擦痕
3	三相电阻不平衡度较大	（1）三相绕组匝数不相等。用匝间试验仪查找，此时曲线将有一定程度的不重合，但不抖动；测量三相电流，不平衡度将较大 （2）绕组有严重的匝间短路（电阻较小的一相）。用匝间试验仪查找，此时曲线将严重不重合，并且无规则地抖动（一相或两相）；测量三相电流，不平衡度将较大，并且有一相或者两相大很多

序号	现象	原因分析
3	三相电阻不平衡度较大	（3）多股并绕的绕组，在连接点有的线股未连接好（漏接或漏焊）。电阻大（并且大出的数值与并绕股数的多少有关）的相为故障相。此时若作空载试验，三相电流的不平衡度不会很差 （4）有较严重的相间短路故障。测量绝缘电阻可找到发生短路故障的两相
4	三相电阻平衡，但都较大	（1）匝数多于正常值 （2）各相绕组本应并联后引出，但错接成了串联引出，或并联支路数少于正常值，例如应4路并接成了2路并联，此时电阻将成倍数地增加（例如是正常值的4倍） （3）端部过长。用错绕线模或绕线松散 （4）所用电磁线的电阻率较大或线径小于标准值。测量线径或电导率可以查出
5	三相电阻平衡，但都较小	与第4项电阻较大的各项原因相反
6	空载电流三相不平衡度超过标准限值	（1）同三相电阻不平衡度较大的原因 （2）磁路严重不均匀。其中包括：定、转子之间的气隙不均；铁芯内外圆不同心；铁芯各部位导磁能力不匀衡等。前两项可通过机械测量确定；后一项需重新检查所用硅钢片的导磁性能 （3）绕组有对地或相间短路故障。测量绝缘电阻可找到发生短路故障的相 （4）三相电源电压不平衡度较大

序号	现象	原因分析
7	空载电流较大	（1）定子绕组匝数少于正常值。测量直流电阻，阻值会小于正常值 （2）定、转子之间的气隙较大。测量转子的外圆直径，会小于正常值 （3）定、转子轴向错位较多。测量定、转子轴向位置尺寸，若确实错位较多，应用压装机将定子铁芯压到合适的轴向位置 （4）铁芯硅钢片质量较差、长度不足或叠压不实造成有效长度不足 （5）因叠压时压力过大，将铁芯硅钢片的绝缘层压破或原绝缘层的绝缘性能就达不到要求，造成片间绝缘电阻下降，使铁芯涡流损耗加大，空载电流增加（此时空载损耗增加的幅度要大于空载电流的增加幅度） （6）绕组接线有错误。如应三相星接实为三相角接（空载电流是正常值的3倍以上）、并联支路数多于设计值（例如应1路串联实为2路并联，此时电流将成倍数地增长）。测量直流电阻可确定是否为接线错误；拆下接线端的端盖目测绕组端部接线情况可发现故障原因（如该部位全包则无法观察） （7）额定频率为60Hz的电机通入了50Hz的交流电（所加电压仍为60Hz的额定值）。此时的空载电流将是正常值的1.2倍以上（理论上是1.2倍，但由于电机设计时一般将额定电压时的铁芯磁密度选择在磁化曲线的"膝部"，即线性部分以上过渡到"饱和"的部位，所以实际上要大于1.2倍，实测数据表明，最高可达1.7倍以上）
8	空载电流较小	与较大的各项原因大体相反。不同点在于电流减小的幅度将小于因上述原因使空载电流增加的幅度。例如，应为角接的电机接成了星接，则空载电流将为正确接法的1/3以下；当使用相同的电压，但用60Hz的电源给50Hz的电机通电时，空载电流将减小到60Hz数值的1/1.2（即50/60≈0.83）以下

序号	现象	原因分析
9	空载损耗较大	（1）同第7项"空载电流大"的（1）（4）（5）（7） （2）因装配不当造成转子转动不灵活，或轴承质量不佳、轴承内加润滑脂过多或含有杂质等原因，使机械摩擦损耗过大 （3）活动端的轴承盖止口高度高出正常值，将该端的轴承外圈"压死"，转子因运行发热或电磁力的作用在轴向移动时，使轴承内外圈轴向错位，滚子研磨侧滚道，造成较大的摩擦损耗，同时轴承很快发热 （4）轴承室直径小于正常值或轴的轴承档直径大于正常值，使轴承外环或内环受到挤压，减小了轴承的径向游隙，并使轴承沟道变形，给轴承滚子的运动带来较大的阻力 （5）转轴两端轴承挡的轴向距离超出设计值或机座、端盖的轴向尺寸超出设计值，使轴承的滚子研磨侧滚道 （6）轴承室与机座或端盖止口之间的同轴度较差，影响轴承的运转 （7）错用了大风扇或扇叶较多的风扇 （8）转轴的密封环与端盖相擦或端盖上的密封环与转轴相擦 （9）电磁线的电阻率较大或线径小于设计值
10	堵转电流较大	（1）同第7项"空载电流大"的（1）（6）（7） （2）转子铸铝的电阻率小于设计要求，即铝的成分太纯（含铁等杂质的量过少）。在转子端环车一定深度的沟，可增大转子电阻，从而减小堵转电流 （3）用错了转子，并且所用的转子电阻小于应用的转子 （4）转子槽口较小或未车开。用铣床或刨床扩开转子槽口到设计值 （5）定子绕组端部长度较小 （6）转子叠片较松，致使铸铝时片间进铝较多，形成"连片"现象，使转子横向电流（相邻转子导条在铁芯内部通路中的电流） （7）对绕线转子，转子绕组（含引出线和集电环）相间或层间短路、对铁芯短路或端部并头套之间短路等

序号	现象	原因分析
11	堵转电流较小	堵转电流较小的原因与较大的原因大体相反。另外，转子导条内存在气孔或因叠片及后道工序加工时造成的错片（片与片之间的槽未对齐）使导条的有效面积减小等原因，使得转子电阻大于正常值，也是一个常见的原因
12	堵转电流三相不平衡度超过标准限值	（1）同第3项定子三相电阻不平衡和第6项空载电流不平衡的原因 （2）转子有严重的细条或断条现象 （3）对于硬绕组绕线转子电动机，连接转子绕组的"并头套"焊接不良或存在虚焊现象或转子绕组与集电环之间、电刷与集电环之间的接触电阻较大。分别在转子引出线与集电环之间和转子外引线与集电环之间测量转子三相绕组的直流电阻和电刷系统的直流电阻，确定故障段和故障点，然后进行排除 （4）转子槽数不能被3整除，有时会影响堵转电流的三相不平衡度。如对三相空载电流和正常运行时的电流没造成影响，可放宽考核
13	堵转损耗较大或较小	与堵转电流较大或较小的原因基本对应相同
14	振动较大	（1）三相电源电压不平衡度较大 （2）定子绕组有严重的匝间短路故障 （3）轴承质量不符合要求，或轴承装配存在问题，造成轴承与轴承室同轴度不符合要求 （4）由于机械加工的原因，使轴承室与机座止口的同轴度不符合要求，或转轴轴承档与转子铁芯外圆的同轴度不符合要求等 （5）电机整体机械结构的固有振动频率刚好与通电运转产生的振动频率相吻合，致使产生整机运行时的共振。这一问题在使用变频器供电时，有时会在某一频率段产生

序号	现象	原因分析
14	振动较大	（6）轴承室的直径过大或过小，或存在较大的锥度 （7）活动端的轴承，因轴承盖止口高于设计值，或轴承室深度不符合要求、转轴轴承挡的距离大或小，造成轴承在轴向位置不正确，甚至被"卡死" （8）放置的波形弹簧多或少，或弹力过大或过小，使活动端的轴承不能活动或活动量过大 （9）转子不平衡量超出允许数值或铁芯"马蹄"现象较严重 （10）定、转子气隙不均匀 （11）定、转子铁芯轴向未对齐 （12）转子铁芯与轴脱离。此时将发出较大的异响，同时转速较低 （13）转子导条有严重的细条或断条 （14）对于绕线转子电动机，转子绕组有断相或接近断相故障（其原因可能是：电刷未与集电环接触或断线；转子引出线断开；转子绕组端部的并头套脱落；集电环导电杆与滑环连接不良等）。通过测量转子电路的直流电阻确定故障原因 （15）对于绕线转子电动机，转子绕组有严重的匝间或相间短路故障。通过测量转子电路的直流电阻确定故障原因 （16）由于异物的作用造成转子转动受阻 （17）风扇或其他运转部件安装不符合要求或配合松动等原因，与固定部件（如端盖或风扇罩）相擦 （18）风扇不平衡或有较大的偏摆
15	噪声较大	电动机通电运行时发出的噪声由两大类组成，一类是机械噪声，主要是轴承运转和风扇通风产生的；另一类是电磁噪声，是由于电磁力的作用使某些部件（例如硅钢片）产生较高频率的振动而发出的，它在断电后会立即消失，这也是区分两类噪声最简单最直接的方法

序号	现象	原因分析
15	噪声较大	（1）机械噪声较大 运行中，特别是断电空转时，可通过发出噪声的部位和类型初步确定产生较大噪声的部件和原因 1）空载损耗较大原因中的（2）～（8）基本适用本项，是造成轴承噪声大的主要原因 2）轴流风扇的扇叶角度或尺寸不正确、风路（含外部和电机内部）设计不合理或在风路中有障碍物等都会加大通风噪声（此时往往发出类似哨声的噪声）。将风罩进风孔用纸板等堵住，即切断进风，若噪声明显减小，则可确定是此原因 3）某些部件安装不到位或松动 4）对使用变频器供电的电动机，同振动大的第（5）项 （2）电磁噪声较大 电磁噪声往往会随着电压的升高或负载的加大而增加，对于使用变频电源供电的电机，可能会在某一频率段发出较大的电磁噪声，同时产生较大的振动 1）定、转子之间的气隙严重不均匀，通电转动后产生较大的单边磁拉力，将产生与转速有关的噪声。可通过对机座和端盖配合的调整（包括更换）或者车定子内圆的方法使定、转子之间的气隙均匀度达到要求，从而减轻或者消除由此发出的电磁噪声 2）定、转子轴向长度不相等（呈"马蹄"状）或歪斜（端面与轴线不垂直），通电转动后产生不均衡的磁拉力，发出与转速频率有关的噪声。 3）定子铁芯叠压不紧，造成片与片之间有间隙，浸漆时又没有将这些间隙填充好，通电后在电磁力的作用下将发出频率较高的噪声。再次进行对定子浸漆可减缓或者消除此噪声 4）绕组端部绑扎和浸漆未达到要求，有松动现象，在电磁力的作用下产生振动而发出的电磁噪声。再次进行对定子浸漆可减缓或者消除此噪声

序号	现象	原因分析
15	噪声较大	5）由于结构的原因，在电磁力的作用下，定子铁芯产生周期性的径向变形振动而发出的电磁噪声 6）定转子槽配合不合理或槽口较大、气隙较小，均会产生频率较高的电磁噪声。对于气隙较小的情况，可通过进一步车小转子外径的方法消除此种电磁噪声 7）当铁芯的固有频率较低时，起动过程中可能会出现较大的电磁噪声，在起动过程完成后，将会下降甚至消失 8）由于设计的磁路不合理或因硅钢片的导磁性能较差、加工质量偏离工艺要求较多（例如冲片毛刺较大、铁芯叠压不实或轴向长度不足等）等原因，造成铁芯磁通密度过于饱和，将产生较大的电磁噪声，该噪声降随电压的升高而明显增加 9）其他与电磁有关的部件产生的电磁噪声

模块二　单相异步电动机常见故障分析

单相电容分相异步电动机常见故障分析见表7—2。在机械原因方面，本单元模块一"三相电机"中所讲述的内容大都适用于单相电机。

表7—2　　单相电容分相异步电动机常见故障分析

序号	故障现象	原因分析
1	电源电压正常，通电后电机不起动	（1）电源接线开路（电机完全无声响） （2）主绕组或副绕组开路 （3）离心开关触点未闭合，使二次绕组不能通电工作 （4）起动电容器接线开路或内部断路

序号	故障现象	原因分析
2	电源电压正常，通电后电机在低速下旋转，并有嗡嗡声和振动感，电流保持在一定数值上不下降	（1）启动电容失效 （2）电机定、转子相擦 （3）轴承卡死，原因有：轴承装配不良；轴承内油脂固结；轴承滚子支架或滚子破损 （4）离心开关闭合不良 （5）副绕组有匝间或对地短路故障
3	通电后，电源熔断器很快熔断	（1）绕组匝间或对地严重短路 （2）电机引出相线接地 （3）电容器短路
4	电机起动后，转速低于正常值	（1）主绕组有匝间或对地短路故障 （2）主绕组内有线圈反接故障 （3）离心开关未断开，使副绕组不能脱离电源 （4）负载较重或轴承损坏
5	电机运行时，很快发热	（1）绕组（含主绕组和副绕组）有匝间或对地短路 （2）主绕组和副绕组之间有短路故障（末端联结点以外） （3）起动后，离心开关未断开，使副绕组不能脱离电源 （4）主绕组和副绕组相互接错 （5）工作电容损坏或用错容量 （6）定、转子铁芯相擦或轴承损坏
6	电机运行噪声和振动较大	（1）浸漆不良，造成铁芯片间松动，产生电磁噪声 （2）离心开关损坏 （3）轴承损坏或轴向窜动过大 （4）定、转子气隙不均或轴向错位 （5）电机内部有异物

培训大纲建议

一、培训目标

通过培训，培训对象可以在普通电机生产企业电气试验岗位完成常规工作。

1. 理论知识培训目标

（1）了解电机电气试验工应具备的职业道德和工作职责

（2）掌握直流电路基本知识。

（3）掌握交流电的基础知识。

（4）掌握电气测量仪器仪表的接线方式。

（5）了解普通电机的分类和结构。

（6）了解三相异步电动机的工作原理。

2. 操作技能培训目标

（1）掌握安全用电和触电急救常识。

（2）掌握与电机试验有关的测量仪器仪表的使用方法。

（3）能按规程完成普通电机的电气试验。

（4）初步掌握对试验中出现异常现象的原因认定知识。

二、建议培训课时安排

总课时数：126 课时

理论知识课时：54 课时

操作技能课时：62 课时

复习测验考试：10 课时

具体培训课时分配见下表。

培训课时分配表

培训内容	理论知识课时	操作技能课时	总课时	培训建议
第一单元　电气检测安全制度和触电急救常识	3	2	5	重点：安全生产 难点：触电急救方法 建议：每位学员都要亲自参与触电急救的操作（触电者为塑料仿真模型）
模块一　电气检测安全制度和安全生产知识	1		1	
模块二　触电急救常识	2	2	4	
第二单元　电工基础知识	21	9	30	重点：电阻的串并联和电量概念、相互关系 难点：交流电知识 建议：利用教具和现场实际操作和测量
模块一　直流电路	14	4	18	
模块二　交流电和交流电路	7	5	12	
第三单元　电机通用知识	3	2	5	重点：常用电机的分类及型号编制方法 难点：电机的线端标志 建议：利用电机实物配合讲解
模块一　常用电机的分类及型号参数	1	1	2	
模块二　电机的安装方式及其代号	1		1	
模块三　旋转电机外壳防护分级（IP 代码）	1	1	2	

培训内容	理论知识课时	操作技能课时	总课时	培训建议
第四单元　交流异步电动机结构和工作原理	5	2	7	
模块一　三相交流异步电动机的结构		1	1	重点：三相交流异步电动机的工作原理 难点：三相交流异步电动机的工作原理 建议：用电机实物配合讲解
模块二　三相交流异步电动机的工作原理	3		3	
模块三　单相交流异步电动机结构和工作原理	2	1	3	
第五单元　对电气零部件电气性能的检查	5	16	21	
模块一　对线圈、有绕组定子铁芯的尺寸检查		1	1	重点：电气试验 难点：绕组匝间冲击耐电压试验 建议：利用教具和现场实际操作和测量
模块二　测量绝缘电阻		1	1	
模块三　绕组耐交流电压试验	1	1	2	

培训内容	理论知识课时	操作技能课时	总课时	培训建议
模块四　绕组匝间耐冲击电压试验	2	3	5	
模块五　绕组直流电阻的测定试验	1	1	2	
模块六　三相绕组接线的相序检查		1	1	
模块七　对埋置的热敏元件以及防潮加热器的检查	1	1	2	
模块八　微机自动控制定子试验台的使用方法		8	8	
第六单元　交流异步电动机整机试验	8	25	33	**重点：**堵转试验和空载试验方法 **难点：**异常现象原因分析 **建议：**利用简易试验台和相关仪器设备对电机实物进行试验，现场讲解为主。
模块一　交流电机试验电量测量电路	3	3	6	异常现象原因分析要做到让学员结合电机实物初步理解即可

培训内容	理论知识课时	操作技能课时	总课时	培训建议
模块二　电气安全性能试验	2	3	5	
模块三　堵转电流和损耗的测定试验	1	4	5	
模块四　空载电流和损耗的测定试验	1	4	5	
模块五　单相电机离心开关断开转速的测定	1	2	3	
模块六　电容器的故障判断和容量测定		1	1	
模块七　微机控制自动试验系统使用方法		8	8	

培训内容	理论知识课时	操作技能课时	总课时	培训建议
第七单元　电机出厂试验中的常见故障现象及原因分析	9	6	15	
模块一　三相异步电动机出厂试验中异常现象的原因分析	5	3	8	重点：三相异步电动机常见故障分析 难点：故障原因理论分析 建议：结合电机实物进行分析判定
模块二　单相异步电动机常见故障分析	4	3	7	
合计	54	62	116	